まえがき

簡単に作ることができる Web サイトのツールやブログなどの発達により、外に向けて文章を書くという機会が圧倒的に増えました。日本は、ブログのアクティブユーザーが世界一の国であり、精力的に情報発信をしている人がたくさんいます。その一方で、「書いてはいるものの、うまく伝えられていない」と感じている人は少なくないようです。

普段、対外的な文章をあまり書いてこなかったという人が、いざ「Web サイトを作る」「ブログを書く」という状況に置かれたとき、「文章作成」の段階で戸惑うことも多いのではないでしょうか。

私も日々、Web サイトの文章を書いている一人です。ただし、プロのライターというわけではありませんし、むしろ「Web サイトの文章を書くのが苦手」と感じていた時期がありました。そうした段階を経て「Web 制作」という本業を通して、文章を書かざるを得ない立場になったときに、「伝わりやすい」「わかりやすい」文章には「基本の型」があることに気がつきました。

「守破離」という言葉があります。茶道、武道、芸術などにおける上達の状態を表しています。何かを体得する際、まず最初に師匠から教わった型を「守る」ところから始まり、次に既存の型を抜け出し自分に合った型をつくる「破る」、最後は新たな型を開発する、つまり型から「離れ」て自在になるという意味です。

本書の内容に置き換えると、まずは基本となる文章の「型」を使うことで、文章に対する苦手意識を軽減できるのではないかと考え、3 章以降の実践編では「型」に当てはめた書き方を解説しています。まずは、Web 文章の「守」をつかんでいただき、文章が苦手だった人が、スムーズに書けるようになる一助になれば幸いです。

Shikama.net 代表

志鎌　真奈美

ある日のこと…

CONTENTS

CHAPTER 1 【基本編①】 Web文章の基本を知ろう

1-1	Web文章の目的は「伝えること」	12
1-2	「何のための文章か」を考える	14
1-3	「誰に向けた文章か」を考える	16
1-4	Webサイトの構造を理解して書く	18
1-5	トップページの役割は「表紙+目次」	20
1-6	下層ページの役割は「情報」「行動」「コミュニケーション」	22
1-7	Web媒体の特徴を理解して書く	26
1-8	Web文章上達の5つのポイント	28
COLUMN	閲覧者の環境を意識して書こう	30

CHAPTER 2 【基本編②】 Web文章の書き方を知ろう

2-1	Webページの構造を知ろう	32
2-2	本文の基本構成を知ろう	34
2-3	5W2Hを意識して書こう	36
2-4	箇条書きから文章にしよう	38
2-5	キャッチコピーの基本を知ろう	42
2-6	キャッチコピーを作ろう	44
2-7	「最後の一押し」を作ろう	48
2-8	ページごとの基本型を押えよう	50
2-9	書いたあとにこれだけはチェックしよう	52
COLUMN	トップページから読まれるとは限らない	54

CHAPTER 3

【実践編①】
商品説明文を書こう

商品説明文を書こう	58
【例題】健康器具の説明文を書いてみよう	60
STEP1 分析 商品を分析する	62
STEP2 文章化 文章にまとめる	63
STEP3 完成 ダイエットにフォーカスした健康器具の説明文	64
STEP4 解説 例文解説	65
STEP5 実践 あなたの例を使って文章を書いてみよう	68
【まとめ】「誰に」向けて書くかで、キャッチコピーや内容が変わる！	70
いろいろな事例で学習しよう	71

CHAPTER 4

【実践編②】
サービス説明文を書こう

サービス説明文を書こう	78
【例題】パソコン教室の説明文を書いてみよう	80
STEP1 分析 サービスを分析する	82
STEP2 文章化 文章にまとめる	83
STEP3 完成 初心者にフォーカスしたパソコン教室の説明文	84
STEP4 解説 例文解説	85
STEP5 実践 あなたの例を使って文章を書いてみよう	88
【まとめ】閲覧者が求めている内容によって、書き方が変わる！	90
いろいろな事例で学習しよう	91

CONTENTS

CHAPTER 5 【実践編③】店舗紹介・会社案内文を書こう

- 店舗紹介文を書こう ……… 98
- 【例題】カフェの店舗紹介を書いてみよう ……… 100
- STEP1 分析　店舗を分析する ……… 102
- STEP2 文章化　文章にまとめる ……… 103
- STEP3 完成　自店の強みにフォーカスした店舗紹介文 ……… 104
- STEP4 解説　例文解説 ……… 105
- STEP5 実践　あなたの例を使って文章を書いてみよう ……… 106
- STEP6 応用　会社案内を書こう ……… 108
- 【まとめ】BtoCとBtoBでは、書き方が変わる！ ……… 110
- いろいろな事例で学習しよう ……… 111

CHAPTER 6 【実践編④】プロフィール文を書こう

- プロフィール文を書こう ……… 116
- 【例題】サロン店長のプロフィール文を書いてみよう ……… 118
- STEP1 分析　プロフィール内容を分析する ……… 120
- STEP2 文章化　文章にまとめる ……… 121
- STEP3 完成　初めてWebページを訪問した閲覧者に向けて書いたプロフィール文 ……… 122
- STEP4 解説　例文解説 ……… 123
- STEP5 実践　あなたの例を使って文章を書いてみよう ……… 124
- 【まとめ】ボリュームを意識しながら書いてみよう！ ……… 126
- いろいろな事例で学習しよう ……… 127
- COLUMN：文字数別に書いてみよう ……… 130

CHAPTER

7

【実践編⑤】
ブログ記事を書こう

ブログ記事を書こう	134
【例題①】 セミナーの告知記事を書いてみよう	136
STEP1 分析 セミナー内容を分析する	138
STEP2 文章化 文章にまとめる	139
STEP3 完成 「話し方トレーニング」セミナーの告知記事	140
STEP4 解説 例文解説	141
【まとめ】 5W2H の考え方はとても重要！セミナーやイベント告知には必須のポイント	143
【例題②】 専門性が伝わるブログ記事を書いてみよう	144
【例題③】 キャンペーンの告知記事を書いてみよう	146
COLUMN：ブログ記事のタイトルは一目で内容がわかるものを	148

CHAPTER

8

【SEO 編①】
SEO を意識して Web 文章を書こう

8 1 Web の文章を書く上で SEO はなぜ重要なのか？	150
8 2 キーワードを選ぼう	152
8 3 キーワードを意識して文章を書こう	156
8 4 キーワードを意識して見出しを作ろう	160

CONTENTS

CHAPTER 9 【SEO 編②】
タイトルタグとディスクリプションを書こう

9-1 タイトルタグとディスクリプションの役割を知ろう ……………… 164
9-2 タイトルタグを書こう ……………………………………………… 166
9-3 ディスクリプションを書こう ……………………………………… 170
いろいろな事例で学習しよう ………………………………………………… 174
【まとめ】タイトルタグとディスクリプションは表には見えないけれど重要な項目 ……… 178

CHAPTER 10 【TIPS編】
ちょっとしたことで読みやすくなる10個のコツ

01 箇条書きにしよう ……………………………………………………… 180
02 色を使いすぎないようにしよう …………………………………… 181
03 文末に変化をつけよう ………………………………………………… 182
04 ひらがなを使おう ……………………………………………………… 183
05 改行を入れて読みやすくしよう …………………………………… 184
06 画像を効果的に使おう ………………………………………………… 185
07 「の」の使いすぎに注意しよう …………………………………… 186
08 一文を短くしよう ……………………………………………………… 187
09 句読点の使い方に気をつけよう …………………………………… 188
10 過剰な丁寧語に注意しよう …………………………………………… 189

● 本書の使い方

本書は、Web ページに掲載する文章の「書き方」をやさしく解説した書籍です。全体は、大きく 3 つの部分に分かれています。

【基本編】 1 章、2 章
基本編では、Web ページに掲載する文章の基本について、目的やページごとの役割、書き方の大きな流れなど、最低限知っておきたい知識を解説します。まずはここから読んでみてください。

【実践編】 3 章、4 章、5 章、6 章、7 章
実践編では、実際に文章を書いていく流れに従って、考え方、方法を紹介していきます。5 つのステップに則って学ぶことで、実践的な「書く力」を身につけることができます。目的別に章を分けているので、どこから読んでいただいてもかまいません。

【SEO 編】 8 章、9 章
Web の文章において、SEO（検索エンジン最適化）はもはや避けては通れません。最後の SEO 編では、これまでに学んできたことをベースに、検索キーワードを意識した文章やタイトルタグ、ディスクリプションの書き方を解説します。

基本編 ➡ 実践編 ➡ SEO 編の順に読んでいく中で、Web 文章の「書き方」を身につけてください！

▶ 登場人物紹介

まなみ先生

Web文章の書き方を教えるセミナー講師。困っているWeb担当者を見ると放っておけない。プライベートは謎に包まれている。

田中君

上司にいきなりWebページの文章を書くよう言われたWeb担当者兼営業マン。いつもは頼りないが、いざというとき力を発揮する一面も。

◎免責

本書に記載された内容は、情報の提供のみを目的としています。したがって、本書を用いた運用は、必ずお客様自身の責任と判断によって行ってください。これらの情報の運用の結果について、技術評論社および著者はいかなる責任も負いません。

本書記載の情報は、2016年4月現在のものを掲載しています。本書で解説されている内容について、ご利用時には変更されている場合があります。

本書で例として掲載しているWebページ、会社名、製品名、サービス名、個人名等は、すべて架空のものです。実在のWebページ、会社名、製品名、サービス名、個人名等とは関係ありません。

以上の注意事項をご承諾いただいた上で、本書をご利用願います。これらの注意事項をお読みいただかずに、お問い合わせいただいても、技術評論社および著者は対処しかねます。あらかじめ、ご承知おきください。

◎商標、登録商標について

本文中に記載されている会社名、製品名などは、それぞれの会社の商標、登録商標、商品名です。
なお、本文に™マーク、®マークは明記しておりません。

CHAPTER

1

基本編①

Web文章の基本を知ろう

Web文章の目的は「伝えること」

▶ Webサイトの文章は何のために存在する？

私たちは普段の生活の中で、テレビ、新聞、雑誌、本、看板、駅の表示、仕事の書類、メモ、メール、Webサイトなど、さまざまな場面で「文字」と遭遇します。これらの文字や文章は、何のために存在するのでしょう？　その答えは、

「何かを伝えるため」

です。文字や文章は、「話す」ことと並ぶ、身近な伝達手段の一つです。以前は新聞、雑誌、本といった「紙のメディア」が中心でしたが、現在は「Web」というメディアで文章に接する機会が増えています。最近ではSNSやブログといったツールのおかげで、誰でも手軽に情報を発信できる時代になりました。

中でも、仕事や商品に関する「Webサイト」を持つ会社や店舗は年々増えており、自分で作っているという人の割合も増えています。しかし残念ながら、**「伝えたいことを、きちんと伝えることができている」** Webサイトは、それほど多くはないのが現状です。

その原因の一つは、「文章」にあります。Webサイトの構成要素には、写真や動画、デザインといったビジュアルの部分もありますが、最終的に大きなウェイトを占めるのは「文章」です。せっかく時間をかけて文章を書くのであれば、**「伝わる文章」** の方が断然よいですよね。

どうせ書くなら、「伝わる文章」を書きましょう！

▶ WebにはWeb向けの書き方がある

本書は、主にビジネスを目的としてWebサイトを運営している方を対象にした、Web文章の書き方の解説本です。「紙」ではなく、「Web」というメディアに特化した内容に絞っています。2つのメディアの大きな違いは、次のような点が挙げられます。

- 伝達されるまでの時間
- 見るシチュエーション
- リフロー型と静的レイアウト

紙のメディアには、紙のメディア向きの書き方があり、Webのメディアには、Webのメディア向きの書き方があります。Webに掲載する文章を書くのであれば、こうした**「Webならでは」**の特性を理解した上で文章を書くことが重要です。

▶ 本書の目的と大まかな流れ

本書では、Webに掲載する文章を書くことを目的としています。しかし、単に「文字」を並べていけばよいというわけではなく、

- Webライティングの基本的な知識やスキルを習得する
- 目的や読み手を明確にするなど、書く前の準備ができる
- 目的に合った文章を書けるようになる

ことを通して

「伝えたいことが伝わる」

文章が書けるようになり、その結果、**読み手が行動を起こしてくれる**ことを目的としています。

第1章では、Webの文章を書き始める前に知っておいてほしい、基本の知識を解説します。第2章では、Webの文章を書くための具体的な方法を解説します。第3章以降では、具体的な目的に合わせて文章を書いていくことで、実践的な知識を身につけてもらいます。

CHAPTER **1** SECTION **2**

「何のための文章か」を考える

▶ 文章を書く前に準備しておきたいこと

前節では、Webに載せる文章を書くということの基本的な考え方についてご説明しました。ここから先は、文章を書く前の「準備」について解説していきます。Web文章の講座では、「言いたいことがまとまらない」「書いてはみたものの伝わっているかがよくわからない」という声をよく聞きます。こうした現象が起こるのは、文章力の有無が原因ではなく、実は**準備ができていないことが理由**であることが多いのです。文章を書く前に必要になる準備として重要なのは、次の2点です。

①何のための文章かを考える
②誰に向けた文章かを考える

この2点のうち、まずは「**①何のための文章か**」について解説します。「なぜ、何のために、この文章を書くのか？」を意識しながら書き進めることで、伝わる文章が書きやすくなり、読み手からのアクションを得やすくなります。

ここで、あなたのWebサイトは、どんな目的で開設・運営されているかを考えてみてください。カフェのWebサイトであれば来店につなげたい、パソコン教室であれば生徒数を増やしたい、ネットショップであれば商品の購入につなげたいといった目的があるはずです。そして、Webの文章はこうした目的を達成するために書かれなければならないのです。文章を書き始める前に、現在運営しているWebサイトが、どんな目的を持っていて、何のために文章を書くのかを、しっかりと把握しておきましょう。

▶ Web文章には3種類の目的がある

Web文章の目的には、大きく「**情報を伝える**」「**読み手に行動を起こしてもらう**」「**コミュニケーションをする**」の3種類があります（詳細はP22で解説します）。
例えばとあるパソコン教室が、生徒数を増やすために「まずは体験レッスンに来てもらう」ことを目的としたWebサイトを開設しているとします。これは、文章の目的でいうと「**読み手に行動を起こしてもらう**」に該当します。

以下の例を参考に、この文章がどのようにして閲覧者を体験レッスンへの申し込みに促すことができるのかを考えてみましょう。

この例では、閲覧者に対して

❶ どのレベルの人を対象にしているかを把握してもらう
❷ 安心感をもってもらう
❸ 体験レッスンに来てもらう（電話予約）

ことを狙っています。そして、これらの目的に沿って、「初心者でも大丈夫」「無理に入校はすすめない」「まずは無料体験を」等の文章を作成しています。このように「目的」や「狙い」を明確にし、意識しながら書くことで、読み手の心に響きやすく、行動を起こしやすい文章になるのです。

CHAPTER 1 SECTION 3

「誰に向けた文章か」を考える

▶ 「誰に」が変われば文章も変わる

次に、文章を書く前に準備しておきたいことの2つ目、**「②誰に向けた文章か」**について解説します。「誰に」、つまり閲覧の対象者が変われば、文章の内容もまったく異なってきます。例えば、次のような2種類の女性向けアロマサロンがあったとします。

①ビジネス街にある女性向けのアロマサロン。会社帰りのOL向けに、夜遅くまで営業している。
②住宅街にあるマンションの一室で運営しているアロマサロン。キッズスペースもあり、子連れもOK。

この場合、それぞれのキャッチコピーは次のようになります。

①のサロンのキャッチコピー：

自分にご褒美！
お仕事帰りに気軽に寄れる、22時まで受付のアロマサロン

②のサロンのキャッチコピー：

お子様連れもOK！
ママさん達の疲れを癒す、アットホームなサロンです

このように、同じ女性向けサロンでも、対象者が違えばキャッチコピーや説明文も変わってきます。逆に言えば、「誰に」書くのかさえはっきりしていれば、文章が格段に書きやすく、わかりやすくなるということです。いざ文章を書こうと思ってもなかなか進まないのは、「誰に」がはっきりしていないからかもしれません。

▶ 「誰に」を明確にする方法

Webサイトでの「誰に」は、つまり「Webサイトの閲覧者」です。Webサイトを誰が見るのか、誰に見てほしいのかを明確にする方法は、対象者の属性を細かく想像する方法と、閲覧者の「悩み」や「課題」にフォーカスして考える方法の2種類があります。

①閲覧者の属性を細かく想像する方法

年齢、性別、どんなライフスタイルか、年収はどのぐらいか？　など、閲覧者がどのような人なのかを、詳細に想定する方法です。「ペルソナ作り」とも呼ばれます。例えば女性向けのサロンの場合、見込み客として「こんな人に来店してほしい」という人物の特徴を箇条書きにしていきます。

- 新宿にフルタイムで勤務するOL
- 金曜日の会社帰りは癒されたい
- 30代前半で独身。年収400万円
- 給料日は自分にご褒美
- 帰宅時間が遅く、ストレスの多い仕事
- 自分磨きのための自己投資は好き

②閲覧者の「解決したい悩み」から想像する方法

2つ目は、「どんな悩みや課題を解決したい人なのか」ということから想像していく方法です。例えば、住み替えを検討している家族の場合、次のような特徴が考えられます。

- 東京の郊外に住む40代の夫婦、子供は2人
- 新規かリノベーション物件かで検討中
- 両親が高齢のため二世帯住宅に住み替えたい
- 子供の学区が変わらない場所を希望
- 予算は4000万円
- インテリア性よりは機能性を重視

このようにすることで、閲覧者の姿がはっきりと見えてきます。対象者と近い属性の人が身近にいれば、その人を対象者として設定すると、より人物像が浮かびやすくなります。Webの文章を書く際は、「自分が書きたいことを書く」のではなく、想定した閲覧者が、「どんなことを知りたいか」「どんな情報をほしがっているか」を念頭に置きながら、文章を組み立てるようにしましょう。

CHAPTER 1　SECTION 4

Webサイトの構造を理解して書く

▶ Webサイトの構造＝目次を明確にする

Webに掲載する文章の「目的」と、「誰に」伝えるかが明確になったら、次は**Webサイトの構造**について考えてみましょう。Webサイトの構造とは、例えば本で言うところの「目次」のことです。Webの文章を書く上で、「構造を考える」ことは非常に重要です。構造を考えることで、「自分はWebサイト全体のどの部分の原稿を書こうとしているのか」ということをしっかり把握できます。その結果、**それぞれのページの役割**が明確になり、「伝えたいこと」がはっきりしてくるのです。

Webサイトの目次は、「サイトマップ」とも呼ばれ、Webサイトを制作する上での「地図」のような役割を果たします。レストランを例に、Webサイトの構造を表現してみたのが次の図です。Webサイトの目次は、このように「階層」があるのが特徴です。この例を参考に、自分のWebサイトの構造を、図にして表現してみましょう。

● Webサイトの構造例

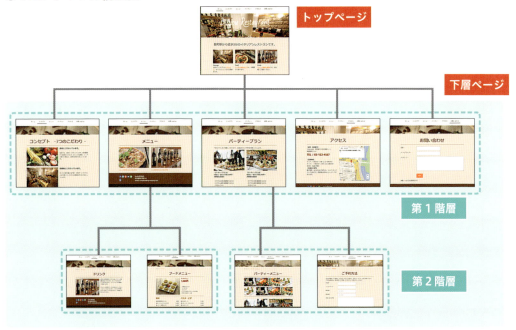

▶ Webサイトの構築を表として整理する

作成したWebサイトの構造（サイトマップ）は、表としてまとめておくと便利です。前ページのレストランの図を表に置き換えると、次のようになります。表の右側に簡単に内容を書いておくと、原稿を作成する際に役立ちます。

第1階層	第2階層	内容
トップページ		
コンセプト		店のコンセプト、店内の雰囲気
メニュー		メニューの特徴、フード・ドリンクページへのリンク
	フード	フードメニュー、写真、料金
	ドリンク	ドリンクメニュー、写真、料金
パーティープラン		宴会・団体についての概要
	パーティーメニュー	団体用コースのメニュー、写真、料理
	ご予約方法	予約の方法について
アクセス		住所、電話番号、交通の案内、地図を載せる
お問い合わせ		営業時間、電話番号、フォーム

▶ トップページと下層ページの違い

ここで、トップページと下層ページの違いについて知っておきましょう。Webサイトは、大きく「トップページ」と「下層ページ」に分類されます。下層ページは、各分類ごとの詳細を説明したページです。そして、すべての下層ページを統括するのが「トップページ」です。前ページの「第1階層」「第2階層」は、いずれも下層ページです。
トップページには、企業やお店の簡単な紹介文を掲載し、下層ページを訪問してもらうきっかけを作ったり、目次となるメニューボタンを置くなど、「導線」となる要素を配置します。下層ページでは、トップページの目次で分類したそれぞれの内容を詳細に紹介していきます。このようにトップページと下層ページの役割の違いを把握しておくことで、文章作成の作業へスムーズに進んでいくことができます。

CHAPTER 1　SECTION 5

トップページの役割は「表紙＋目次」

▶ トップページに配置される情報

前節では、Webサイトの構造をまとめてみました。また、Webサイトはトップページと下層ページの2つに分けられることを知りました。Webサイトにおける「トップページ」は、本で言うところの「表紙」と「目次」の役割を果たします。表紙の役割としては、このWebサイトがどのような内容で、何を伝えたいものなのかを簡潔にまとめる必要があります。Webサイト全体の「ダイジェスト版」と言えるでしょう。目次の役割としては、下層ページへの導線を用意する必要があります。具体的に、トップページは次のような要素によって構成されています。

・企業や店舗紹介を瞬時に伝える文章やイメージ
・目次となるメニューボタン
・トップページ以外も読んでみたいと思う要素や項目（下層ページへの導線）
・新しい情報

このように、「何のWebサイトかがわかる内容」「重要な下層ページへの誘導」「新着情報のように流動性のある内容」が、トップページに配置されているとよいでしょう。
右の画像の❶〜❼について、次ページで詳しく解説します。

▶ トップページにおける各要素と役割

トップページの各要素と役割をまとめてみました。それぞれ、ヘッダー、メインビジュアル、コンテンツ、サイドバー、フッターの5つに分類されます。

ヘッダー

❶企業やサービス内容のキャッチコピー

ロゴの横に、会社やサービスのキャッチコピーを配置します。「どんな会社か」「どんなサービスか」などが、一瞬でわかる内容を20文字程度の文章にまとめています。

❷ナビゲーション

各下層ページへ移動するためのリンクが貼られたボタンです。前節で作成した「Webサイトの構造」は、ここに反映されます。

メインビジュアル

❸メインビジュアルのキャッチコピー

メインビジュアルの中に配置されるキャッチコピーは、閲覧者をもっとも引きつける要素です。トップページにおいて、非常に重要な文章になります。

コンテンツ

❹コンテンツ（本文）

トップページの「中身」に当たる文章です。ヘッダーやサイドバーは全ページ共通の構成にすることが多いのですが、コンテンツ部分はページごとに内容が変わります。

❺注目ページへのリンク

特に見てほしい下層ページへの入り口です。30～40文字程度の短い文章で内容を説明し、ほかのページへ誘導することを目的としています。

サイドバー

❻サイドバー

サイドバーには、お問い合わせのボタンや、特に訪問してほしいページへのバナーを設置します。新着情報も、ここに掲載しました。

フッター

❼フッター

フッターには、著作権を保護するために表記する「コピーライト」を配置します。一般的には「Copyright©2016 会社名・店舗名 All Rights Reserved.」のように表記します。

CHAPTER 1 SECTION 6

下層ページの役割は「情報」「行動」「コミュニケーション」

▶ 下層ページの3つの役割

前節では、トップページの役割と各要素について解説しました。ここでは、「下層ページ」の役割を解説します。下層ページは、次の3種類に分類できます。

❶ 情報を伝える
会社やその人自身が持つ属性や内容を、正確に伝えるためのページです。

❷ 読み手に行動を起こしてもらう
読んだ後に、閲覧者にアクションを起こしてもらうためのページです。

❸ コミュニケーションをする
閲覧者からコメントをもらったり、いいね！を押すなど、交流を目的としたページです。

代表的な下層ページの役割を、ページごとにまとめてみました。

ページ	役割	目的
商品・サービス説明ページ	❷読み手に行動を起こしてもらう	商品・サービスのメリットを知ってもらい、購入へ結びつける
会社案内・店舗紹介ページ	❶情報を伝える＋❷読み手に行動を起こしてもらう	信頼、安心のほか、共感、納得などを通して、お問い合わせや来店へ結びつける
プロフィールページ	❶情報を伝える	信頼性・安心感の獲得
ブログ	❸コミュニケーションをする	顧客との交流
	❶情報を伝える	新しい情報を知ってもらう
	❷読み手に行動を起こしてもらう	イベントやキャンペーンを知ってもらい、申込みにつなげる

CHAPTER 1 基本編①Ｗｅｂ文章の基本を知ろう

▶ 商品説明ページ

商品説明文の目的は、「購入や申し込みに結びつけること」です。閲覧したあとに、どのような行動をとってほしいかを考えて文章を書く必要があります。文章の構成も、

❶ キャッチコピー
❷ 商品説明文
❸ 購入者の声
❹ 最後の一押し

のように、読み手が行動したくなるような流れにします。ページの終盤に、「最後の一押し」として「お申し込みは、今すぐお電話で」「ご購入はこちら」など、読後の行動を促す一言をつけます。この流れを通して、「購入」や「申し込み」へとつなげていきます。詳しくは第3章で解説しています。

▶ サービス説明ページ

サービス説明文のページも、商品説明ページと同様、読み手にアクションを起こしてもらうことが目的です。文章の構成は、

❶ キャッチコピー
❷ サービス説明文
❸ 利用者の声
❹ 最後の一押し

という流れになります。最後に、読み手にどのような行動をとってほしいかを明記します。詳しくは第4章で解説しています。

▶ 会社案内ページ

会社案内のページは、「情報を伝える」ことが主な役割です。文章の構成は、

❶ 会社の説明文
❷ 代表からのメッセージ
❸ 概要（会社名、連絡先、規模、売上、事業内容等）
❹ 沿革

といった形で、客観性のある情報を伝えることで、安心感や信頼感を獲得します。詳しくは第5章で解説しています。

▶ 店舗案内ページ

店舗案内のページは、「情報を伝えること」に加えて、「読み手に行動を起こしてもらう（＝来店）」という要素が入ってきます。そのため店舗紹介の文章では、基本的な情報を伝えるほか、

❶ 店舗の雰囲気がわかる説明
❷ こだわり・メリット・想い

といった主観的な要素を入れることで、読み手の「共感」や「納得」を誘い、「来店」という行動を起こしてもらうことを目的とします。詳しくは第5章で解説しています。

▶ プロフィールページ

小規模事業主のWebサイトやブログに欠かせないプロフィールページは、思っている以上に閲覧されています。主な役割は「情報を伝える」ことですが、経歴の説明では、学歴や職歴のほか、仕事に携わる「想い」なども入れていきます。特に実績の部分は、信頼性獲得の後押しになりますので、しっかり記載するようにしましょう。詳しくは第6章で解説しています。

▶ ブログ

ブログは、用途によって役割や目的が変わってきます。店長・スタッフブログであれば、「コミュニケーション」が主な役割になりますし、お知らせや新着情報であれば、「情報を伝える」ことが目的になります。また、イベントやセミナー、キャンペーンの告知であれば、「読み手に行動を起こしてもらう」ことが目的ですので、「申込み」や「来店」につなげることを意識して書くことになります。

自分が書こうとしている記事が、どのような役割なのか、何の目的で書くのかを明確にしてから書き進めるようにしましょう。詳しくは第7章で解説しています。

Web媒体の特徴を理解して書く

▶ Webページに掲載する文章　5つの特徴

Webページに掲載する文章には、紙メディアとは異なる、さまざまな特徴があります。Webという媒体ならではの特性を理解して文章を書くことで、伝わりやすくなります。以下の5つの特徴を押さえておきましょう。

❶ 見出しやキャッチコピーの重要性が高い

Webページにおいて、見出しやキャッチコピーの重要性は、非常に大きいものになります。閲覧者は日々、検索エンジンを中心にいろいろなWebページを探し、自分の目的に合ったコンテンツを探しています。その中で読む決め手になるのは「見出し」や「キャッチコピー」です。

❷ 長い文章は読まれにくい

ネットで文章を読む際、数行読んでみて、意味がわからない、あるいは興味がない内容であれば、閲覧者はすぐに離脱してしまいます。インタビューやまとまったボリュームの企画など、どうしても長くなってしまう場合は、ページを分割するなどして、読みやすくする工夫をしましょう。

❸ さまざまな環境で読まれている

本や雑誌であれば、既定の大きさがありますが、Webサイトの表示環境は様々です。1つのWebページが、パソコンはもちろん、スマートフォンやタブレットでも読まれるのです。閲覧者の環境によって見え方が異なるということを意識しながら書くようにしましょう。

パソコンの表示となんかちがう…

❹ トップページから読まれるとは限らない

Webサイトは、トップページから読まれるとは限りません。検索エンジンから、トップページを飛ばして、サービス内容や会社概要、商品紹介ページにいきなり移動してくる場合も多くあります。すべてのページが「入口」になっているということを意識しておきましょう。詳しくはP54で解説しています。

❺ リンクでつながる

これまでのメディアとWebサイトが決定的に異なるのが、「リンク」という機能です。リンクを使っていろいろなページをつなげ、Webサイトの中を巡回してもらうしくみを作ることができます。また、自サイト内だけではなく、外部のWebサイトへリンクを貼ることもできます。関連する企業やサービスにリンクを貼ることで情報に厚みを持たせたり、ニュースサイトへリンクを貼って信ぴょう性を持たせたりといったことが、手軽にできます。

▶ 著作権に注意しよう！

Webサイトに掲載する文章を書く上で注意しておきたいのが、「著作権」の問題です。紙メディアなどと異なり、Webサイト上のデータは、簡単にコピーができてしまうという特徴があります。しかし、第三者が書いた文章をコピーして自サイトに使用することは、当然著作権違反になります。あくまでも「引用」の範囲内であればOKですが、その場合は「引用であること」がわかるように出典を明記し、引用元のWebサイトのアドレスを記載します。引用する文章の量も、一部のみとし、全部はNGです。

CHAPTER 1 SECTION 8

Web文章上達の5つのポイント

▶ Web文章がうまくなるためのコツ

せっかく文章を書くのであれば、少しでも上達したいものです。上達させるコツはたくさんありますが、まずは以下の5項目を押さえておきましょう。

❶わかりやすい言葉を使う

専門用語がたくさん並んでいたり、わかりにくい言い回しがたくさん出てくると、内容自体がよかったとしても、読んでもらえなくなる場合があります。専門用語がわかる人だけを対象にしたサービスであれば別ですが、一般消費者が対象になる場合は、できるだけわかりやすい言葉で書くようにしましょう。理想は「中学生が読んで理解できる文章で書く」です。

❷目標になるWebサイトを見つける

業種やサービス内容が近いWebサイトをたくさん見てください。その中でよいと思えるサイトをピックアップし、「なぜ読みやすいのか」、「なぜよいと思ったのか」、「伝わりやすさはどうか」などをチェックしましょう。文字の大きさ、文章の長さ、見出しのつけ方、表現のうまさなど、必ず理由があるはずです。もちろん、相手の文章をコピーして使うことはいけませんが、参考になる文章があれば、メモしたり印刷するなどして、取っておきましょう。

❸ まずは書くこと！　数稽古をする

文章上達の秘訣は、何といっても「たくさん書くこと」です。このとき、ぜひやってみてほしいのは「どんなに短い文章でもよいので、毎日書いてみる」ということです。数稽古を重ねることで、文章スキルは確実に向上していきます。そのためにブログを書いてみるというのも一つの方法です。この本を読みながら、今 Web サイトに掲載されている文章を修正してみるのもよいでしょう。

❹ 声に出して読んでみる

文章を書き終えたら、声に出して読んでみましょう。思いがけないところでスムーズに読めなかったり、妙に引っかかりを感じる箇所が出てくる場合があります。また、目視だけでは気がつかなかった誤字・脱字の発見にも役立ちます。文章チェックの意味もかねて「音読」しましょう。

❺ トライ＆エラーを繰り返す

文章の練習を重ねると、ある程度までは上達します。しかし、そこからさらにステップアップするとなると、回数を重ねるだけではなく、「工夫しながら書いていく」段階へと移行することになります。このステージでは、閲覧者の反応や、Web サイトへのアクセス数を確認しながら、文章をブラッシュアップしていきます。例えば、

- 過去に書いた記事を修正してみる
- 同じ出来事に関する記事を、切り口を変えて 3 パターン書いてみる
- SNS などでシェアをして反応を見る

といったことを繰り返しながら、質の向上を目指しましょう。

> **COLUMN**

閲覧者の環境を意識して書こう

ここ数年で、スマートフォンやタブレットが普及し、パソコン以外のさまざまな端末からも Web サイトが閲覧されるようになりました。Web 用の文章を作成する際に忘れてはならないのは、パソコン以外の環境で、どのように見えるかという点です。Web サイトは、閲覧する端末の種類によって、見え方が大きく変わります。タブレットやスマートフォンでも読みやすくするための 3 つのコツを紹介します。

❶長い文章は適度に改行する

長い文章が続く場合は、3 〜 4 行ごとに改行するようにしましょう。特にスマートフォンのような小さな端末で見ている場合、改行が出てこないと読んでいて疲れてしまいます（詳細は P184）。

❷「。」の位置で改行する

Web サイトの中で「、」で改行しているページを時々見かけますが、スマートフォンでは 1 行の文字数が少ないため、意図していない箇所で改行されることがあります。コツは、「。」の位置で必ず改行することです。こうすることで、スマートフォンで見たときも、違和感のない表示になります。

> わたしたちは2013年から、ハンドメイドのイベント活動を続けてい「Atelier M」です。
>
> **[改行]**
>
> 作品を通して、多くの方々へ笑顔をお届けし、HAPPYな想いを広げるために、年に3回ほど「ハンドメイド・ハッピーフェス」というイベントを開催しています。
>
> **[改行]**
>
> 毎年好評をいただいているこのイベントを、今年も開催する運びとなりました。お誘いあわせの上、ぜひご参加ください。

❸スペースを使ってのレイアウトは NG

スペース（空白文字）を使って字下げをしたり、レイアウトを整えると、スマートフォンやタブレットなどの環境で見たときに、大幅にズレが生じる原因になります。スペースを使ってレイアウトを整えるのは、おすすめしません。

CHAPTER
2

基本編②

Web文章の書き方を知ろう

CHAPTER 2 SECTION 1

Webページの構造を知ろう

▶ Webページ内部の基本構造

第2章からは、Webページに掲載する文章を書く上で必要になる、基本的なスキルや知識をより実践に近い形で解説していきます。最初に、Webページ内部の基本構造を学習しましょう。各要素の名称を覚えておいてください。

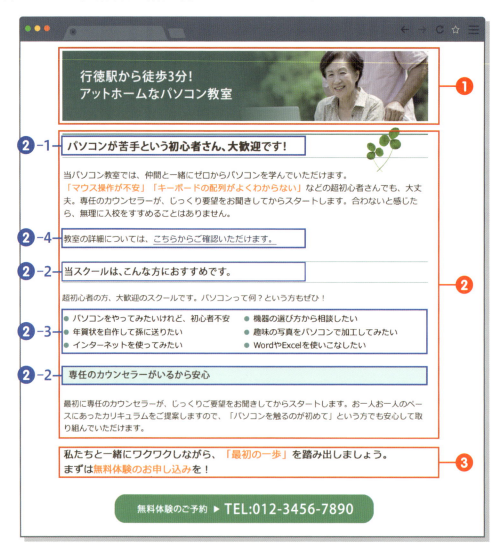

❶ キャッチコピー

キャッチコピーは、Webページの中でも特に重要な要素です。本文の中でもっとも言いたいことや、本文の内容を短くまとめた文章を入れます。

❷ 本文

本文は、もっとも情報量の多い要素になります。主に文字と画像で構成され、文字部分は「見出し」「箇条書き」「リンク」といった複数の要素の組み合わせからなっています。

❷-1　大見出し

各ページごとにつける「タイトル（題名）」にあたる文章です。ページの1番上に、一度だけ使用するのが一般的です。

❷-2　中見出し、小見出し

本文の途中に登場する見出しです。数段落ごとに設置することで、文章を見やすく整理します。大見出しは1ページの中に1度ですが、中見出し、小見出しは、必要に応じて複数回使用します。

❷-3　箇条書き

内容を複数の項目に分類し、それぞれ行を分けて記載した要素です。行の先頭に「・」や「●」、数字やローマ字を記載します。

❷-4　リンク

ほかのページへジャンプさせるための機能です。

❸ 最後の一押し

「お申し込みは、今すぐお電話で」「ご購入はこちら」「まずは体験レッスンのご予約を！」など、閲覧者へ呼びかけるようなスタイルで、読後の行動を促す一文を入れます。

以上のような要素で、Webページは構成されています。なお、Webサイトの仕組み上、見出しは6段階まで用意されています。しかし、ほとんどの文章で見出しは3種類でまかなえるため、ここでは「大見出し」「中見出し」「小見出し」の3種類を取り上げています。

CHAPTER 2 SECTION 2

本文の基本構成を知ろう

▶ 本文部分の基本構成

前節では、Webページ全体を構成する要素について解説しました。ここでは、Webページに掲載する文章の中でもっともボリュームのある「本文」部分について、さらに詳しく学習していきましょう。本文は、最初に「キャッチコピー」を見て興味をもった人が、より詳しい情報を知ろうと次に読み進める文字列です。大きく「見出し」と「文章」に分けることができます。

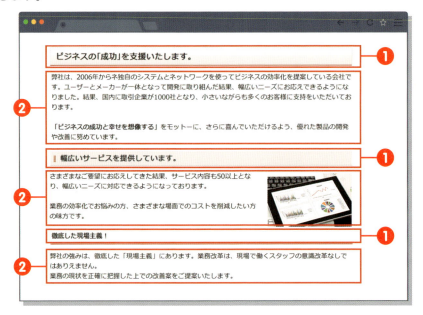

❶ 見出し

文章の内容を、短くまとめたものです。大見出し、中見出し、小見出しとありますが、ここではまとめて「見出し」として解説します。

❷ 文章

このページで伝えたい情報を文章で表現したものです。キャッチコピーや見出しの内容について、より詳しい紹介となっている必要があります。

▶ 見出しの役割について

見出しは本文内で、文章の「要約」の役割を果たすものです。仮に文章を読まなかったとしても、見出しだけ見れば、このページの概要をつかめることが必要です。また、見出しのない文章と見出しがある文章を比べてみると、読みやすさは歴然です。閲覧者の理解のスピードを速めること、そして文章を読みやすくすること、この2つの観点から、見出しは非常に重要といえるでしょう。文章が長くなる場合は、特に「見出し」を効果的に使う必要があります。

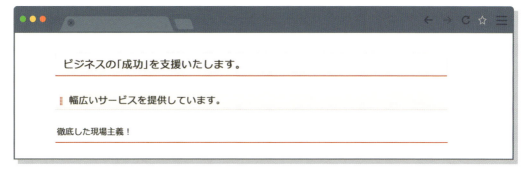

▶ 文章の役割について

文字が集まったものが「文章」です。そして、内容に応じて文章を切り分けたものが「段落」です。それぞれのWebページで伝えたいことは、文章によってまとめられ、段落によって適切に区切られている必要があります。

「見出し」が、本文を要約した短い文であるのに対し、「文章」は内容が伝わるよう詳しく記載した文字の集合体です。そのため、「見出し」よりも「文章」の方が必然的に文字数が多くなります。文章は、単語どうしを「てにをは（助詞・助動詞）」でつなぎ、文のかたまりにしていきます。過不足なく伝わるのが理想です。

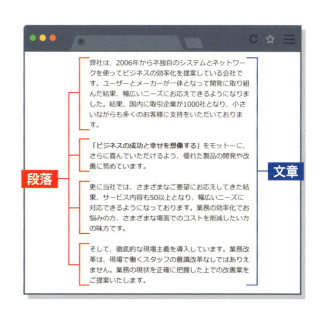

CHAPTER 2 SECTION 3

5W2Hを意識して書こう

▶ わかりにくい文章は5W2Hが不十分

Webの文章を読んでいて、「何を言っているのかよくわからない」という印象を受けることはないでしょうか？ 実は、わかりにくい文章は、5W2Hのいずれかの要素が抜けている場合がほとんどです。逆に言えば、5W2Hを意識して書けば、伝わりやすい文章になるということです。5W2Hを表にまとめると、以下のようになります。文章を書く際は、これら7つの要素を常に意識しておきましょう。

● 5W2H

❶ When	いつ
❷ Where	どこで
❸ Who	誰が
❹ What	何を
❺ How	どうする
❻ Why	なぜ
❼ How much	いくらで

これら7つの要素を意識して書いたのが、次の文章になります。

> 当カフェは、自然豊かな立地が人気です。ゆったりくつろいでいただきたいと思い、席数もあえて少なくしました。自慢の水出しコーヒーは500円から。夜は9時まで営業しています。

▶ 長い文章の中で5W2Hを使う

次の例は、もう少し長い文章の中で5W2Hを意識して書いたものです。なお、「自分」や「自社」が主語のときは、❸のWhoを省略する場合もあります。

> 三軒茶屋駅から徒歩5分のところにある当事務所では、さまざまな中小企業の会計業務や経営などをサポートしています。経理業務は月額10,000円〜のコースをご用意。
>
> もともとは、親戚の事業を手伝うために取った資格でしたが、より多くの方々のお役に立ちたいと思い、事務所を設立しました。現在、税理士2名と事務員1名の小さな規模ではありますが、真心込めて対応しておりますので、お気軽にお立ちよりください。平時9時〜17時まで営業しております。

▶ 必ずしも5W2Hにならない場合もある

文章の内容によっては、必ずしも5W2Hにならない場合もあります。特に❼のHow muchは、文脈によっては不要の場合もあるでしょう。その場合は、「5W1H」でもOKです。そのほか、5W3Hという考え方もあります。

● 5W1H

❶ When	いつ
❷ Where	どこで
❸ Who	誰が
❹ What	何を
❺ How	どうする
❻ Why	なぜ

● 5W3H

❶ When	いつ
❷ Where	どこで
❸ Who	誰が
❹ Why	なぜ
❺ What	何を
❻ How	どうする
❼ How many	どのぐらい
❽ How much	いくらで

CHAPTER 2　SECTION 4

箇条書きから文章にしよう

▶ なぜ箇条書きにするの？

ある程度のまとまった文章をいきなり書こうとしても、なかなか書けないというケースは多いのではないでしょうか。そんなときは、まず書きたいことを項目に分けて書き出しておき、そこから取捨選択して組み立てていくと、頭の中が整理されて、文章が書きやすくなります。このようにして書き出した項目を、「箇条書き」と呼びます。

本書では、文章の基本的な書き方として、「箇条書き」から「文章」を組み立てていく方法を紹介します。具体的な方法は、第3章以降の実践編で詳しく解説していきます。これは、Webに限らず、どのような媒体でも活用できる方法です。

▶ 箇条書きから文章にする手順

箇条書きから文章を組み立てていく作業は、以下のような流れで進めていきます。

❶ 書きたい内容を箇条書きにする

書きたい内容を、箇条書きにして書き出します。ここでは、いくつ書いても構いません。まずは思いつくままに、できるだけたくさん書き出してみましょう。このとき、「誰に」伝えるのかを思い浮かべながら書き出してみてください（P16参照）。

- 初心者に優しい
- 駅から徒歩5分、駐車場あり
- アットホームな雰囲気
- 初回無料カウンセリングあり
- カリキュラムの幅が広い
- 一人一人に合った内容を提案
- 講師は全員女性

❷ 箇条書きにした内容を取捨選択する

❷で箇条書きにした項目の中から、伝えたいことを絞って丸をつけていきます。不要だと思う項目は、この時点で外します。ただし、文章にする際に、外した項目を再度入れる場合もあります。この辺りは、組み立てながら柔軟に対応しましょう。

- 初心者に優しい
- 駅から徒歩5分、駐車場あり
- アットホームな雰囲気
- 初回無料カウンセリングあり
- カリキュラムの幅が広い
- 一人一人に合った内容を提案
- 講師は全員女性

❸ 分類する

❷でピックアップした項目を分類します。

❹ 文章にする

❸で分類した項目を「てにをは」でつないで、文章の形にします。まずは短い文章を作り、その後、短い文章をつないで長文にしていくのがおすすめです。

❺ 順番を変えたり、ブラッシュアップする

つなげた文章が不自然であれば、順番を入れ替えます。必要に応じて、不足している単語を補ったり、肉付けをしたりします。

▶ 箇条書きから文章にしてみよう

それでは、箇条書きから文章にする流れを実践してみましょう。ここでは、架空のペットサロンを例に、解説を行います。5行程度のサロン説明文を作ってみましょう。

❶ お店やサービスの特徴を、箇条書きで書き出します

・24時間対応のペットサロン
・送迎がある
・スタッフは資格者のみ
・宿泊ができる
・ドッグランあり
・店内で商品販売もあり
・スペースは広い
・取扱い商品は無添加のもの　など

❷ 箇条書きにした内容を取捨選択します

作成するサロン説明文では、「お店の様子」を伝えることを一番の目的とすることにします。その結果、商品販売と取扱商品についての項目は、不要と判断しました。

- ○ 24 時間対応のペットサロン
- ○ スタッフは資格者のみ
- ○ ドッグランあり
- ○ スペースは広い
- ○ 送迎がある
- ○ 宿泊ができる
- × 店内で商品販売もあり
- × 取扱い商品は無添加のもの

❸ 分類します

残った項目を、次の 3 つに分類してみました。

- **設備について**：ドッグランあり、スペースは広い、宿泊ができる
- **サービスについて**：24 時間対応、送迎がある
- **スタッフについて**：有資格者のみ

❹ 文章にします

分類した項目をつなげて、文章にしていきます。このとき、優先順の高いもの、「強み」や「売り」になる項目が先頭の方になるように構成していきます。

> 24 時間対応のペットサロンで、スタッフは資格者のみです。スペースは広く、❶ ❶
> ドッグランもあります。送迎もあり、宿泊もできます。❷ ❸

ここでは、「24 時間対応」と「スタッフは有資格者のみ」を最優先項目としました❶。次に、店内のスペースや設備についての 2 項目をつなげて文章にしました❷。最後に、残りの 2 項目をつなげてみました❸。

これでだいぶん文章の形になってきましたが、声に出して読んでみると、ぎこちなさがあり、スムーズに読める文章になっていません。次の項目で、ブラッシュアップしていきましょう。

040

❺ 順番を変えたり、ブラッシュアップをします

ここでは、抜けている言葉を追加したり、言葉を言い換えてスムーズな流れになるよう組み立ててきます。

当店は、24時間対応のペットサロンで、スタッフは資格者のみです。店内のスペースは広々としており、ドッグランも併設しています。送迎サービスも行っておりますので、お車がない方も大丈夫！　宿泊サービスも大好評ですので、ぜひご利用ください。

最初に、5W2Hの「Who（誰が）」が抜けているので最初に追加しました❶。また、5W2Hの「Where（どこに）」が抜けているので追加し❷、「広く」を「広々としており」と言い換えました❸。送迎〜宿泊の文を分割し、「メリット」をつけ加えました❹。評判を追加し❺、「ぜひご利用ください」と締めのひとことを追加しました❻。

文章をブラッシュアップしていく際のポイントをまとめると、次のようになります。声に出して読んでみて、スムーズに流れるかどうかを確認しながら、修正を加えましょう。

・5W2Hの中で、抜けている言葉があれば追加する
・言葉を言い換えてみる（広い⇒広々と）
・メリットや評判を追加する（大好評、人気がある、売れている　など）
・気持ちや感想を追加する（美味しい、嬉しい、楽しい　など）
・フレーズの順番を変えてみる
・文章を分割してみる（逆につなげてみる）
・文末に「締めのひとこと」を追加する

最後に、締めのひとこととして使えるフレーズをご紹介します。

・お気軽にご相談ください。
・まずは、お問い合わせください。
・ぜひご利用ください。
・ご予約をお待ちしております。
・〜〜〜も大歓迎です。

CHAPTER 2 SECTION 5

キャッチコピーの基本を知ろう

▶ キャッチコピーはきわめて重要

キャッチコピーは、Webサイトに掲載する文章の中で、きわめて重要な要素です。ごく短い時間で、中身を伝え、詳しい内容を読んでもらうためのきっかけ作りになるからです。「キャッチコピー」は、Webページの次のような場所に配置されています。Webページを開いたときに最初に目に入ってくる場所に配置するのが基本です。

❶ メインビジュアルの中

メインビジュアルの中に配置されている文字列です。ページの中で、もっとも目立つ部分になります。

❷ 商品説明文の中

ネットショップなどで使う商品説明文の中に、一番大きく配置されている文章です。商品の特徴が表現されています。

❸ サービス案内文の中

これはパソコン教室の例です。サービスの説明文に入る前に配置されている、強調された文字がキャッチコピーになります。

▶ キャッチコピーの役割

Webページにおいて、「キャッチコピー」のもっとも重要な役割は、

短い時間で内容を伝える

ということです。この「内容」という部分は「サービスや商品の特徴」「メリット」「強み」「差別化できるポイント」といった言葉で置き換えることができます。Webページにおけるキャッチコピーは、「伝わる」ことが重要なので、CMや広告のような、クリエイティブな文言は必要ありません。

短い時間で、特徴やメリットを伝える言葉を並べたもの

と考えましょう。次ページで詳しく解説しますので、キャッチコピーを作る上でのポイントを押さえておきましょう。

CHAPTER 2 / SECTION 6

キャッチコピーを作ろう

▶ キャッチコピーで覚えておきたい7つの基本型

ここでは、キャッチコピーを作成するにあたって押さえておきたい7つのポイントをご紹介します。

❶ 安さ、お得さを強調する

料金のお得さや安さを強調するパターンです。

例：ロールパンが1個50円！日曜日の朝が特にお得！

❷ 希少性を強調する

数が少ないものは、購買心理を刺激します。限定品を販売しているとき、あるいは、貴重な材料を使って作った商品などに有効です。

例：塩バターパンは1日30個限定！なくなり次第終了です。

❸ 立地のよさを全面に出す

店舗のときに有効です。もしお店の立地条件がよければ、それを全面的に押し出すようにしましょう。

例：表参道駅から徒歩1分！ランチの利用も近くて便利！

❹ 伝統を強調する

長く続いたものに対しては、信頼感が高くなる傾向があります。伝統がある企業やお店の場合は、キャッチコピーとして使ってみましょう。

例：40年間、地元の皆様に愛されてきたお店です。

⑤ お客様の声を利用する

実際にお客様に言われた言葉をそのままキャッチコピーにします。

> **例**：「日本一ベーグルが美味しい」と言われました。

⑥ 相手に呼びかける

「〜な方へ」や「〜な貴方へ」というスタイルで呼びかけます。

> **例**：天然酵母のからだにやさしいパンが食べたい方へ

⑦ ランキングを利用する

人は、たくさんの人が「よい」と言うものにひかれる傾向があります。ランキングで上位を獲得した、賞を取ったなどの実績があれば、キャッチコピーに使用します。

> **例**：地元グルメ誌で1位に選ばれた人気店です。

▶ キャッチコピーを作成するときの3つの手順

実際にキャッチコピーを作成するときは、以下のような流れで行ってみましょう。

❶ お店やサービスの特徴・強みを書き出す

お店、サービス、商品などの強み、特徴を箇条書きで書き出します。ここでは、思いつくままに、いくつでも書き出してみてください。

❷ 書き出した内容から使う項目をピックアップする

❶で書き出した項目から、キャッチコピーとして使用する言葉をピックアップします

❸ 文章にする

❷でピックアップした言葉をもとに、文章の形に組み立てます。

▶ キャッチコピーを作ってみよう

それでは、実際にキャッチコピーを作ってみましょう。ここでは、架空のパン屋を例に解説していきます。

❶ お店やサービスの特徴を、箇条書きで書き出します

・新規開店
・価格帯は普通
・ランチセットあり
・日曜日の朝にセールあり
・天然酵母
・イートインスペースあり
・地元誌のパン屋ランキングで1位を獲得
・駅から徒歩7分、住宅街に立地
・1日30食限定の塩バターパンは、なくなり次第終了
・ロールパンがお得
・ベーグルが隠れた人気
など

❷ 書き出した項目から必要なものをピックアップします

❶で書き出した項目をもとに、キャッチコピー作りに必要なフレーズを取捨選択していきます。「誰に、何を訴求するか」を軸に、2～3つほどのフレーズに絞っていきます。訴求するポイントや、対象とする閲覧者が変わると、キャッチコピーも変わってくるので、「誰に何を」という部分を念頭において、考えるようにします。
ここでは、「ご近所の主婦に、お得さをアピール」と仮定して、

・日曜日の朝にセールあり
・ロールパンがお得

の2つの特徴を軸にキャッチコピーを作成することにします。

❸ 文章にしていきます

❷で取捨選択をした内容をもとに、文章の形に組み立てていきます。まずは、そのまま文章にしてみます。

> 例：ロールパンは1個50円！日曜の朝はセール開催！

このままでも意味は通じるものの、少しあっさりしすぎている印象です。そこで、さらに言葉を追加するために、「どのようなロールパンなのか」を考えます。軸になるフレーズをもとに、「肉付け」していく作業になります。

> どんなロールパンなのか？ ➡ 美味しい
> 50円という価格はどうなのか？ ➡ お手頃、格安

> 例：美味しいロールパンが1個50円！ 日曜の朝はセールでお得！

▶ バリエーションを作ってみよう

ここで「誰に何を」を変えることで、❶で書き出した中から、同じお店の別のキャッチコピーを作ることができます。

● 素材を気にする健康志向の人むけのキャッチコピー

> 例：天然酵母の手作りパンは、やさしい味が人気です。

● 近隣の主婦向け、店内を利用してもらいたい場合のキャッチコピー

> 例：イートインスペースあり！ お好きなパンをそのまま店内で

このように、どのような閲覧者に向けて発信するのか？ を考えながら作ると、伝わりやすいキャッチコピーを作ることができます。パターンをいくつか考えてみて、その中から選ぶとよいでしょう。

2-6 キャッチコピーを作ろう 047

CHAPTER 2 SECTION 7

「最後の一押し」を作ろう

▶ 起こしてほしいアクションを文章にする

「最後の一押し」とは、ページの最後を締めくくる文章のことで、特に閲覧者に対して何らかのアクションを起こしてほしい場合に有効な一文です。「読み手にアクションを起こさせたいときは、必ず「最後の一押し」を入れるようにしましょう。最後の一押しがあるかないかで、反応率が変わってきます。第3章以降の実践編でも、「最後の一押し」は以下のような文章で、ページの下方に配置されています。

❶ネットショップの商品説明文です。「期間限定」「ポイント10倍」などのフレーズで、購入を後押しします。

❷パソコン教室の商品説明文です。最後に無料体験レッスンへの申し込みを促す一文を入れています。

▶ アクションの内容を明確にする

「最後の一押し」には、文章を読んだ閲覧者が次の行動としてとってほしいことを盛り込まなければなりません。そのため、

- 無料体験の申し込みをしてもらう
- お問い合わせをもらう（電話、メール、FAX など）
- 資料請求をしてもらう
- お試し商品やサンプル品を購入してもらう

など、読後にどのようなアクションを起こしてほしいかを明確にし、それに沿った言葉を考えます。このとき、キャッチコピーの場合と同様、いくつかのパターンを覚えておくと便利です。以下では、「最後の一押し」の３つのパターンをご紹介します。特に❶については、ボタンでリンクを貼り、問い合わせや購入用のページに飛ぶようにすると効果的です。

---

❶次の行動を示唆する

- お問い合わせはこちらから
- まずはお電話でご連絡を
- FAX でのお申し込みはこちらです
- こちらのページからご予約ください
- 資料請求はこちらから
- 今すぐクリック
- ご購入はこちら

など

---

❷お得感を出す

- ご購入者にはポイント 10 倍
- 送料無料です
- ネットからのお申し込みは 20%引き
- お電話でご連絡をくれた方には、〜〜をプレゼント

など

---

❸限定にする

- ただいま期間限定でお届けしております
- 地域限定です
- 限定 30 個で販売中

など

CHAPTER 2 SECTION 8

ページごとの基本型を押さえよう

▶ ページごとの型を知る

いざ文章を書こうと思ってもなかなか書けない場合は、「型」を知っておくとスムーズです。Webページに掲載する文章は、ページの種類によって基本となる型があります。ここでは、代表的な4つの型をご紹介します。「何から書いてよいかわからない」、あるいは「書いているうちに何が何だかわからなくなってしまった」というときには、ぜひこれらの「型」を思い出してください。

型を押さえておくとスムーズです！

▶ 会社概要の基本型

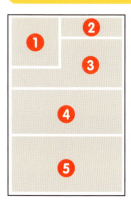

会社案内のページに使える基本型です。

基本項目
❶ 会社もしくは代表者の写真
❷ キャッチコピー
❸ 会社の説明文（5〜10行）
❹ 代表メッセージ
❺ 会社概要（表組み）

▶ 店舗案内の基本型

店舗案内のページに使える基本型です。

基本項目
① 店舗の写真
② キャッチコピー
③ 店舗の説明
④ こだわりやメリットなど

▶ 商品紹介の基本型

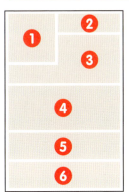

商品紹介のページに使える基本型です。

基本項目
① 商品写真
② キャッチコピー
③ 商品説明文
④ 購入者の声
⑤ 最後の一押し
⑥ 買い物カートボタン

▶ プロフィール文の基本型

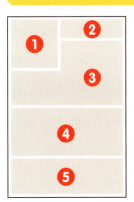

プロフィール文に使える基本型です。

基本項目
① プロフィール写真
② 名前、肩書き、出身地、所属など
③ 経歴の説明
④ 資格や実績など
⑤ 関連サイト、ブログ、SNSへのリンク

CHAPTER 2 SECTION 9

書いたあとに
これだけはチェックしよう

▶ 文章チェックでやっておきたい5つのこと

文章を書いたあとに、必ず「チェック」しておきたいことが5つあります。文章の質を高め、より「読んでもらえる」「伝わる」文章にするための、最後の仕上げです。

❶ 誤字、脱字がないかをチェックする

必ずやっておきたいのは誤字、脱字のチェックです。漢字の間違いはもちろん、「てにをは」の使い方は間違っていないかなどをチェックしましょう。可能であれば、複数の人でチェックするとよいでしょう。

> ✕ 当社の強み<u>はを</u>、親しみやすさとフレンドリーさ…
> 〇 当社の強み<u>は</u>、親しみやすさとフレンドリーさ…

> ✕ 業界 No1 の地位を<u>確率</u>しました。
> 〇 業界 No1 の地位を<u>確立</u>しました。

❷ 固有名詞の間違いをチェックする

人名、地名、会社名、団体名などの間違いがないかをチェックしましょう。特に人名や会社名などを間違えてしまうと、相手に迷惑がかかることもありますので、気をつけましょう。

> ✕ 明日、<u>茨木県へ</u>出張する予定です
> 〇 明日、<u>茨城県へ</u>出張する予定です

> ✕ アドバイザーとして、<u>鹿間氏を</u>迎えることとなりました
> 〇 アドバイザーとして、<u>志鎌氏を</u>迎えることとなりました

❸ 数字の間違いがないかチェックする

数字は、セミナーやイベントの日付、商品の価格など、ほんの少しの間違いが大きなトラブルやクレームにつながることがあります。

> ✖ <u>2015 年 9 月 1 日</u>にイベントを開催します
> ⭕ <u>2016 年 9 月 1 日</u>にイベントを開催します

> ✖ 今なら、<u>3,000 円</u>の特別価格でご提供
> ⭕ 今なら、<u>3,500 円</u>の特別価格でご提供

❹ わかりにくい表現がないかをチェックする

一般消費者に伝わりにくい専門用語や、わかりにくい言い回しになっていないかをチェックしましょう。5W2H が含まれているかも、あわせて確認します。専門用語が出てくる場合は、一般的に使われている単語やフレーズに置き替えられないか検討します。置き替えが難しい場合は、注釈をつけて欄外で解説します。どうしても専門用語が多くなってしまう場合は、あらかじめ用語集を用意して、リンクを貼っておくという方法もあります。

❺ 表記が統一されているかをチェックする

「サーバー」あるいは「サーバ」などのカタカナの表記が統一されているか。①②③や(1)(2)(3)など、数字を使った箇条書きの表記がそろっているかなどをチェックしましょう。見出し大、中、小の使い方が、各ページで揃っているかも、チェックしておきたいポイントです。

▶ リンク切れをチェックする

文章チェックとは少し意味合いが異なりますが、同様に重要なのがリンク切れのチェックです。第 1 章でも解説しましたが、リンクは Web という仕組みの「生命線」です。まれに、「詳しくはこちら」というリンクをクリックしても、そのページに飛ばない、あるいはまったく違うページに飛んでしまうページに遭遇することがあります。特にお申込みページやお問い合わせページへのリンクが切れていると、成約率に大きな影響が出ます。リンクが正確に貼られているか、必ず確認しましょう。

COLUMN

トップページから読まれるとは限らない

本であれば、目次に沿って1ページ目から順に読み進めるという人が多いでしょう。しかしWebの世界では、必ずしも一番最初のページ（トップページ）から読まれるとは限りません。なぜならWebサイトには、いろいろな入口があるからです。

特に注意したいのは、閲覧者が検索エンジンから訪問する場合です。検索エンジンで「サービス名」について調べて「XXXXX社」のサービス案内ページにたどり着いた場合と、「会社名」あるいは「代表者名」などで調べて「会社概要」あるいは「代表挨拶」のページにたどり着いた場合とでは、「最初のページ」が異なるのです。

Web文章を書く上で特に「はじめまして」を意識しておきたいのは、検索エンジンから来た訪問者に対して、適切な内容を提供できているか？　ということです。

例えば、会社名でページにたどり着いた人が知りたい内容は何でしょう？　その会社の概要だったり、「どんな規模の会社か？」「代表者の名前は？」「連絡先は？」などの情報がほしいのでは、と予想できます。サービス内容のページであれば、競合他社も含めて、そのサービスについて調べている、比較している人かもしれません。

すべての閲覧者ニーズを満たすことは難しいですが、何の検索語句でたどり着き、そこにどんな情報があると読んでもらえるのか？　ということを想像し、文章の内容に反映させることで、より「読み手に行動を起こしてもらいやすくなる文章」になるでしょう。

検索エンジンとWeb文章の書き方の関係については、第8章でも解説していますので、参考にしてください。

CHAPTER
3

実践編①
商品説明文を書こう

CHAPTER 3 のお題

第1章と第2章では、Web に掲載する文章全体の基本的な考え方や構成要素を解説してきました。この章からは、いよいよ実践的な内容へと移行します。

第3章では、ネットショップのオーナーさんが避けて通れない**「商品説明文」の書き方**について学んでいきましょう。

商品の説明を書く際、ついついやってしまいがちなのが、機能の優位性ばかりをうたってしまうこと。もちろん機能も重要なポイントですし、次ページからの解説でも書き出していただくワークがあるのですが、その前に、まずは**「誰が使うのか」という部分が非常に大切**になってきます。

実際に購入するのは「人」なので、対象者が買いたくなるようなポイントにフォーカスしてから、文章を組み立てていくようにしましょう。

漫画の中で先生が指南しているように、**まずは商品を購入する人を思い浮かべてみてください。**同じ商品でも、性別・年齢・ライフスタイルなどによって、決め手となるポイントは違ってきます。想定している対象者と近い人物が身近にいれば、その人を思い浮かべながら書いてみるのもよいでしょう。

本章では、以下の手順で解説を進めていきます。

1. 商品の特徴を箇条書きで書き出しておく

2.「型」を参考に、項目ごとに分類する

3. 文章にまとめる

CHAPTER 3

商品説明文を書こう

▶ 商品説明文の構成要素

Webサイトで商品を紹介、販売する場合、避けて通れないのが、商品の説明文です。本章では、商品の魅力がきちんと伝わり、購入につなげるための商品説明文の書き方を解説します。商品説明文を書く場合、商品の特徴やメリットなどを、5つのパートに分けて書き出します。右ページのページ例を見ながら、どのようなパートに分けて書けばよいのか、確認しましょう。

❶ 商品の特徴をひとことで

商品説明はキャッチコピーから始まります。クリエイティブな文章である必要はなく、商品の「よさ」をひとことで説明します。ユーザーにとってどんなメリットがあるのか？　を考えながら、短くまとめます。

❷ 商品の説明文を5～10行で

インターネットのユーザーは、長い文章は読み飛ばしてしまう傾向があります。商品説明文は、本当に伝えたいことのみ、5～10行以内で書きましょう。

❸ どんな人におすすめか？

商品を手にしてほしいのは、どんな悩みや要望を持っている人でしょうか。説明文の中に、「商品をおすすめしたい人」の特徴を入れておきます。

❹ 購入者の感想を入れる

実際に購入した方の感想には、説得力があります。箇条書きで入れておきましょう。

❺ 最後の一押し

ラストの一文に、購入につなげるための一押しコメントを入れます。

実践編❶ 商品説明のページ例

❶ 商品の特徴をひとことで書いています。キャッチコピーと呼ばれる部分です。

❷❸ 商品の説明文を 10 行以内にまとめています。説明文の中には、「どんな人におすすめか？」という内容を入れておきます。

❹ 実際に購入した人の感想を箇条書きでまとめます。

❺ 最後に、思わずクリックしたくなるような一文を入れましょう。

（例題）健康器具の説明文を書いてみよう

ダイエットにフォーカスして健康器具の説明文を書いてみよう

ここでは商品説明文の例として、以下の健康器具を例に文章を作成してみます。また、健康器具を購入する目的として、「ダイエット」にフォーカスして文章を組み立ててみます。

商品の詳細

- ☑ カロリー消費量は、従来製品の2倍、全身10箇所以上に運動効果あり
- ☑ 腹筋や下半身だけでなく上半身も鍛えるための機能あり
- ☑ デザイン、機能性に優れている
- ☑ 軽量でコンパクト、場所をとらない設計
- ☑ 持ち運びに便利なキャスターがついている
- ☑ サドルの位置やペダルの高さの調節ができる
- ☑ 運動量や走行距離、カロリー消費量などを表示するモニター付き
- ☑ 設置、組み立てが簡単。女性一人でも40分程度
- ☑ 運動時間は1日15分程度でOK
- ☑ ペダルの負荷は5段階で変更可能
- ☑ ○○大学教授　人間総合科学研究所　××教授が監修
- ☑ 保証期間は購入日から1年間
- ☑ 送料無料、期間限定でポイント10倍
- ☑ 長さ00cm×高さ00cm×奥行き00cm

▶ 商品説明文を書くための流れ

前ページの商品に対し、以下のような流れに沿って商品説明文を組み立てていきます。

1 商品を分析する

商品説明文を書くにあたって、もっとも重要なことは「商品の分析」です。最初に、次の **A**〜**D** の内容に従って、商品の分析を行いましょう。

A 購入の対象者は誰か？
B 商品にはどんなメリット・デメリットがあるか？
C 購入者が使用するシチュエーションは？
D 商品の特徴や詳細情報は？

2 対象者を絞り込む

商品を分析したら、その商品を誰に向けて売りたいのかを考えます。**A** で挙げた中から、必要に応じて絞り込みを行います。対象が変わると、書くべき説明文の内容がガラッと変わってくるからです。

3 文章にまとめる

A〜**D** で書き出した内容を元に、次の5つの構成要素に従って、必要な情報を取捨選択して文章を組み立てていきます。具体的な対象者を思い浮かべながら書くと、書きやすいでしょう。

❶商品のメリット（＝キャッチコピー）
❷商品の説明文
❸どんな人におすすめしたいか
❹購入者の感想
❺ラスト一押しのコメント

❹の「購入者の感想」は、**A**〜**D** の商品分析とは別に、普段の運営で「商品発送後に、使用した感想をたずねるメールを送る」「商品と一緒にアンケート用紙を入れて、返信用封筒をつける」といった工夫をして、事前に集めておきましょう。購入してくれた人の感想は、「口コミ」の側面を持っています。成約を後押しする力があり、実際に「お客様の声を読んで購入を決めた」という例も少なくありません。

STEP 1 分析　商品を分析する

P60の商品情報を参考に、A～Dの内容を、箇条書きで書き出してみました。これが、商品に対する分析になります。またA～Dとは別に、「購入を促す決め手となる内容」を「ラスト一押しのコメント」として考えておきます。

A 購入の対象者は誰か？

- ダイエットをしたいが、スポーツジムに通うのは面倒な人
- ジムに通ってもなかなか続かない人
- 面倒なことはせずに、やせたいと思っている人
- 身体を鍛えたいと思っている人
- 一人暮らしの女性、主婦

B 商品にはどんなメリット・デメリットがあるか？

【メリット】・1日15分で有酸素運動が可能　・軽量でコンパクト　・場所をとらない
【デメリット】・自分で組み立てなければならない

C 購入者が使用するシチュエーションは？

- 夜、お風呂に入る前に、テレビを見ながら
- 家事の合間に、好きな音楽を聞きながら

D 商品の特徴や詳細情報は？

- 一人暮らしの部屋にもピッタリのサイズ
- 軽量でコンパクトなので、場所をとらない
- 持ち運びに便利なキャスター付き
- デザインや機能性に優れている
- 組み立ては40分程度
- 負荷の調整ができる
- サドルの位置やペダルの高さの調節が可能
- 下半身はもちろん、上半身も含めてバランスよく運動できる
- 運動量や走行距離、カロリー消費量などを表示するモニター付き

実践編❶ 実践編❷ 実践編❸ 実践編❹ 実践編❺

STEP 2 文章化　文章にまとめる

箇条書きで書き出した A〜D の内容を、5つの構成要素に従って、文章にまとめてみます。❷の商品の説明文は、A で設定した人物をイメージしながら、BCD の内容をもとに組み立てていきます。文章の組み立て方法については、P38 も参考にしてください。

❶ 商品のメリット（＝キャッチコピー）

> 1日たったの15分！自宅で手軽にダイエットができる！

> B の内容を簡潔にまとめます。誰にでもわかる「短い言葉」で書くのがポイントです！

❷ 商品の説明文

> 下半身だけでなく、全身バランスよく運動ができるサイクルマシーンです。テレビを見ながら1日15分、ペダルをこぐだけで有酸素運動ができます。軽量で場所を取らないため、出しっぱなしにしても大丈夫。キャスター付きなので、移動も手軽にできます。
> サドルの高さや負荷の調整も簡単なので、ダイエットをしたい方から本格的に身体を鍛えたい人まで、幅広くお使いいただけます。女性一人でも組み立てができますので、届いたその日からスタートすることができます。

> BCD の内容をまとめます。目の前に A で設定したお客様がいると想像し、話しかけてみるつもりで書くと、まとまりやすくなります。

❸ どんな人におすすめしたいか

> 今まで何をやっても長続きしなかった方や、ジムに通う時間がなかなか取れないという方におすすめです。

> A の「購入対象者はどんな人か？」から「想像できる人」を2〜3項目ピックアップし、文章にしていきます。

❹ 購入者の感想

> ・説明書が親切だったので、自分ひとりでも組み立てができた。
> ・手があいたときに、気軽に運動できるのが嬉しい。これなら長続きしそう。
> ・2週間ほどで成果が出てきた。
> ・ジムに通う必要がなくなって助かる。肩こりも軽くなった。
> ・思ったより汗がすごく出てびっくり。たった15分でもよい運動になっている気がする。

> あらかじめ集めておいた購入者のコメントを箇条書きで掲載しましょう。

❺ ラスト一押しのコメント

> 期間限定で送料無料、しかもポイントが10倍！

> 最後の一押しは、「送料無料」「ポイント×倍」などの特典をつける、あるいは期間限定にすると有効です。

STEP 3 完成 ダイエットにフォーカスした健康器具の説明文

▶ 完成ページの例

分析した内容を文章にまとめた結果、次のようなページが完成しました。

1日たったの15分！自宅で手軽にダイエットができる！ ──①

下半身だけでなく、**全身バランスよく運動ができる**サイクルマシーンです。テレビを見ながら1日15分、ペダルをこぐだけで**有酸素運動**ができます。軽量で場所と取らないため、出しっぱなしにしても大丈夫。キャスター付きなので、移動も手軽にできます。

サドルの高さや負荷調整も簡単なので、**ダイエットをしたい方から本格的に身体を鍛えたい人**まで、幅広くお使いいただけます。**女性一人でも組み立てができます**ので、届いたその日からスタートすることができます。 ──②

1日たったの**15分でOK**なので、今まで何をやっても長続きしなかった方や、ジムに通う時間がなかなか取れないという方におすすめです。 ──③

実際に購入した方からは、

- 説明書明書が親切だったので、自分ひとりでも組み立てができた。
- 手があいたときに、気軽に運動できるのが嬉しい。これなら**長続きしそう**。
- 2週間ほどで**成果が出てきた**。
- ジムに通う必要がなくなって助かる。**肩こりも軽くなった**。
- 思ったより**汗がすごく出て**びっくり。たった15分でもすごく運動になっている気がする。

──④

と喜びの声をいただいております。

今なら期間限定で送料無料、しかもポイントが10倍！ ──⑤

【商品名・価格】
商品名：Shikama Sports Exercise Bicycle　商品コード：SKM0120-sp18
送料無料・ポイント10倍
特別販売価格：32,500円

数量：1　🛒 カートに入れる

| 実践編❶ | 実践編❷ | 実践編❸ | 実践編❹ | 実践編❺ |

STEP 4 解説 例文解説

▶ 例文のポイント

完成した商品説明文❶～❺のポイントは、次の通りです。

❶ 商品のメリット（＝キャッチコピー）

「ダイエット」という重要キーワードと合わせて、手軽さを強調するため「1日15分」という特徴を入れました。この部分は、言葉だけで表現するよりも「1日1000本売れています」「従来成分の3倍」など、数字を入れることで、より説得力が増します。

❷ 商品の説明文

ダイエットを目的として購入する女性が着目しそうな、次の5つの項目に焦点をあてて書いています。列記している項目以外にも特徴はありますが、ダイエットにチャレンジする女性には、

・長続きしない
・できるだけ手軽に痩せたい

などの傾向があると予想した上で、ピックアップした内容を盛り込みました。

【商品の特徴、ほかとの違い】
　下半身だけでなく、全身バランスよく運動ができるサイクルマシーンです。
【手軽さ】
　テレビを見ながら1日15分、ペダルをこぐだけで有酸素運動ができます。
【場所】
　軽量で場所を取らないため、出しっぱなしにしても大丈夫。キャスター付きなので、移動も手軽にできます。
【目的と対象者】
　サドルの高さや負荷の調整も簡単なので、ダイエットしたい方から本格的に身体を鍛えたい人まで、幅広くお使いいただけます。
【組み立ての簡易性】
　女性一人でも組み立てができますので、届いたその日からスタートすることができます。

❸ どんな人におすすめか？

具体的に、どんな課題を抱えた人に向けた商品なのかを明確にするために「〜〜な方へおすすめ」というスタイルで書きます。「想定している対象者」をイメージしながら書くとよいでしょう。

❹ 購入者の感想

女性でダイエットを目的として購入した人のコメントをピックアップして掲載しています。特に、実際に成果が出たというコメントは説得力を高めます。

❺ ラスト一押しのコメント

人は「限定」という言葉に弱いものです。期間・数などを制限することで、特別感とお得感を高め、購買へと結びつけます。「今すぐクリック」「購入はコチラ」などの文言も、閲覧者のアクションを促進しますので、入れておきましょう。

▶ 対象を変更した場合

次ページで、対象者を変更した場合の完成例を提示しておきます。最初の例文では、ダイエットを目的とした女性を対象にして書きましたが、今度は「30代男性、会社員で一人暮らし」「ジムに通いたいが、仕事が忙しくて、なかなか時間が取れない」「自宅で本格的にエクササイズがしたい」という人物を想定しています。ダイエットというよりは、身体を鍛える、筋肉をつけることなどを目的に購入する人です。そのため、「スポーツジム」「鍛える」「運動」「筋肉」など、身体を鍛えることを目的とした男性が反応しそうなキーワードを軸に、キャッチコピーや説明文を組み立てています。

❶ キャッチコピー

想定する対象者を踏まえて、キャッチコピーには「スポーツジム」「からだ作り」というキーワードを使いました。

❷ 商品説明

ジムに通う代わりに自宅でトレーニングをしたいと考えている男性が興味を持ちそうな項目、例えば「本格的に鍛えることはできるのか？」「負荷の変更は可能か？」「どんなシチュエーションで使用するか？」などに焦点をあてて書いています。

❸ どんな人におすすめしたいか

具体的にどんな課題を抱えた人に向けた商品なのかを明確にするために「～～な方へおすすめ」というスタイルで書きます。ここでは、前述の通り身体を鍛えることを目的とした男性を想定しながら記述しています。

❹ 購入者の感想

想定している対象者に合った内容のコメントをピックアップして掲載しています。特に、実際に成果が出た購入者のコメントを取り上げると、説得力が増すでしょう。

❺ 最後の一押し

期間限定の割引でお得感を高めるとともに、いつから使えるか？　を提示することで、商品を手に入れたときのイメージを明確にし、購入へとつなげる狙いがあります。閲覧者のアクションを促すための文言「ご購入は今すぐ！」も入れました。

● 身体を鍛えることにフォーカスして書いた場合の回答例

STEP 5 実践 あなたの例を使って文章を書いてみよう

▶ **あなたの商品を分析しよう**

あなたの会社で扱っている商品を分析し、箇条書きで書き出してみましょう。

A 購入の対象者は誰か？

B 商品にはどんなメリット・デメリットがあるか？

C 購入者が使用するシチュエーションは？

D 商品の特徴や詳細情報は？

E ラスト一押しのコメント

実践編❶ 実践編❷ 実践編❸ 実践編❹ 実践編❺

▶ **あなたの商品を説明しよう**

前ページでピックアップした箇条書きをもとに、文章にまとめてみましょう。

❶ 商品のメリット（＝キャッチコピー）

❷ 商品の説明文

❸ どんな人におすすめしたいか

❹ 購入者の感想

❺ ラスト一押しのコメント

「誰に」向けて書くかで、キャッチコピーや内容が変わる！

商品説明文は、最初に5つの項目に分解し、そこから文章を組み立てていく流れを覚えておきましょう。特に「❸どんな人におすすめか？」はとても重要です。時間をかけて、対象者像を明確にイメージできるようにしてください。

商品説明文で重要なことは、同じ商品でも、誰に向けて書くかで、中身が変わってくるという点ね。

確かに、ダイエットをしたい人と、バリバリ身体を鍛えたい人とでは、購入目的も全然違いますね。でも、実際にどんな風に説明文を変えるとよいのか…

例えばダイエットが目的で購入を検討している人は、商品のどの部分をチェックすると思う？ それに、男性・女性どちらが多いと思う？

カロリーの消費量や、手軽で簡単にできるか？…ですか。どちらかと言うと、女性が多い気がしますね。

そうすると、ダイエットにフォーカスして書く場合は、「女性に向けて」「どのぐらい簡単か」「場所は取らないか」などを意識するとよさそうね。

フィジカルにフォーカスして書く場合だと、「身体を鍛えたい男性」がおもなターゲットになりそうだから、「筋トレにつながるか」「負荷はどのぐらいか」などを意識するとよいですか？

その通り！ 実は、私の兄が筋トレマニアなの。身近にターゲットと近い人がいるのであれば、思い浮かべながら書くと、より伝わりやすくなるわ。

なるほど！

もう一つ大事なことは、カタログから丸写しをしたような文章では伝わらないということ。「誰に」「どんなメリットがあって」「どんなシチュエーションで使うか」を明確にすることで、購入に結びつきやすくなるわ。まずは試行錯誤しながらトライしてみて。

いろいろな事例で学習しよう

ここからは、ほかの業種にも応用できるよう、例文付きで解説します。「ワイン」「ロールケーキ」「テニスウェア」「プリザーブドフラワー」の4種類です。最初に、NG例から紹介します。

事例 NG ✕ ワイン

- クレバー・レッド（赤）2001
- 750ml × 3本
- 芳醇でなめらかな味わい

1. ワイン好きにおすすめのカリフォルニアワインです
2. 壮大でダイナミックな味のカリフォルニアワインを入荷しました。20年以上の経験があるバイヤーが選んだ、豊かな味わいの本格的なカリフォルニアワインは、2010年にワイントップオブザイヤー賞を受賞しています。
3. 職人が手間をかけて作り上げたワインの味を堪能してください。

POINT 1 特徴が表現されていないキャッチコピー

「ワイン好き」という表現が、少しあいまいで広すぎます。ワインが好きな人の中でも、カジュアルなものがよいのか、あるいは高くても本格的なものを嗜好するのかで、違ってきます。「〜〜な方へ」と呼びかける形にすると、より効果的です。

> 改善例　本格的なワインを味わいたい、本物志向のあなたへ
> 軽めでカジュアルなワインを楽しみたい方のためのカリフォルニアワインです　など

POINT 2 伝わりにくい単語が並んでいる

「壮大」「ダイナミック」という表現は、景観や動作、様子を表す言葉なので、味わうものに使用すると、イメージしにくくなる場合があります。「まろやか」「芳醇」「豊か」といった表現の方が、伝わりやすくなるでしょう。

> 改善例　まろやかで芳醇なカリフォルニアワイン

POINT 3 最後の一押しがあれば入れよう

もし、このワインが期間限定、あるいは本数限定の販売だった場合には、一言入れておきましょう。購買の後押しになります。

> 改善例　職人が手間をかけて作り上げたワインは、限定10本となっております。

事例 1　● ロールケーキ

ふわふわの生地がたまらない！雪のようなロールケーキ ← 1

濃厚でコクのある生クリームに、ふわふわの生地が絡みあい、しっとりと口どけのよい味に仕上げました。

北海道産の生クリームとバター、そして契約農家から毎日直送される無添加の卵を使用と、素材にも徹底的にこだわっており、お子様も安心して召し上がることができます。 ← 2

♥ ギフト用ラッピング・カードあり。
♥ 冷凍してお届けいたします。

雪のように真っ白なロールケーキのとろけるような味わいをお楽しみください。 ← 3

焼き菓子やケーキなどを販売しているネットショップを想定しています。例文は、ロールケーキの商品説明文です。

POINT 1　擬態音を使った「食感」の再現

「ふわふわ」「とろとろ」などの擬態音は、食感を連想させ、食欲をそそります。特に食品の場合には、積極的に取り入れたいテクニックです。

> 例：ふわふわ、とろとろ、ゴロゴロ、ジュージューなど

POINT 2　素材へのこだわり

食品の安全性は、購入者にとって関心の高い要素の一つです。産地や無農薬など、こだわりがある素材を使用している場合は、必ず記述しましょう。

POINT 3　「見た目」も大切

「目で楽しむ」という言葉あるように、食感だけではなく見た目も大切です。ビジュアルにも触れるとより伝わりやすくなります。

事例 2 テニスウェア

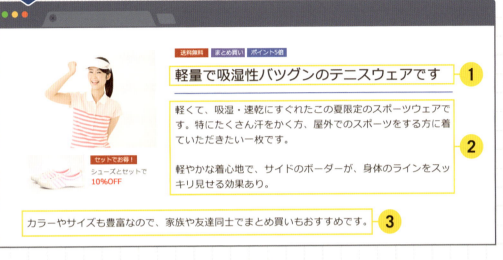

スポーツウェアやグッズなどを販売しているネットショップを想定しています。例文は、テニスウェアの商品説明文です。

POINT 1 「ウリ」となる機能を簡潔に

「軽量」「吸湿性」「速乾」など、購入のポイントとなる機能を簡潔に表現しましょう。ここでは機能面にフォーカスしてキャッチコピーを書きましたが、「軽やかな着心地で、ホッソリ見えるテニスウェアです」と、デザイン面を強調してもよいでしょう。

POINT 2 どんな人におすすめか

この商品をどんな人におすすめしたいかを書きましょう。「これは自分のことだ」と共感してもらうことが、次のステップへつながります。

POINT 3 買い方の提案

「まとめ買い」「3点で20％オフ」「5,000円以上無料」など、「ついで買い」の後押しをする一言を入れておくと、効果的です。

事例 3 プリザーブドフラワー

プレゼントに喜ばれる**ポップなアレンジメント**の
プリザーブドフラワー ①

ハート形のポップでキュートな容器に入れてアレンジメントしたプリザーブドフラワーです。ポップでキュートなデザインで、誕生日や記念日の贈り物としても大人気。当店での売れ筋No.1です。 ②

※プレゼント用ラッピングあり
※ギフトカードを同梱することができます。

生花のような鮮やかさと質感をそのまま楽しむことができ、水やりの必要がないのも嬉しいですね。

こちらの商品は、専用のクリアケースに入れてお届けしますので、ほこりや湿気を寄せ付けず長持 ③

プリザーブドフラワーを販売しているネットショップを想定しています。例文は、ポップなアレンジをしたギフト用商品の紹介文です。

POINT 1 シチュエーションを明確に

「贈り物」「プレゼント」「ギフト」「誕生日」「記念日」など、購入する側が利用するシチュエーションを明示しましょう。

POINT 2 人気があることをアピール

実店舗で買い物をする際、「おすすめ」や「大人気」と書かれたポップを見て、うっかり購入してしまった経験はありませんか？ 消費行動の中に、人が購入しているものを買いたくなる心理があります。人気があることを書いておきましょう。

POINT 3 デザイン以外の特徴も

パッケージの工夫、保存できる期間など、機能面での特徴も記載しておくことは、購入者への安心感へつながります。

CHAPTER

4

実践編②

サービス説明文を書こう

CHAPTER 4 のお題

第4章では、「サービス説明文」について学んでいきましょう。

具体的には、教室、サロン、美容室、整骨院、病院、クリニック、福祉施設、士業（行政書士、税理士、司法書士、社会保険労務士、弁護士など）、情報・通信系サービス、印刷、デザイン、システム開発、保険、金融、宿泊、飲食店など、**「手に取ることができる商品以外のもの」**を販売している業種が該当します。

漫画の中で先生が解説してるように、サービス説明文を考えるときのポイントは、**「どのようなレベルの人に説明するか？」**によって文章が変わってくるということです。

例えば名刺印刷サービスを行っている場合、一般の人に向けてサービスの説明をする場合と、専門家（デザイナー、クリエイター）に向けてサービスの説明をする場合とでは、伝えるべき内容や使用する単語も違ってくるはずです。

本文中では「パソコン教室」を例にとって、「初心者向け」「上級者向け（資格取得者）」と対象者をレベル分けした上で、各対象者に合った文章の書き方を解説しています。

以下の手順で文章作成を進めましょう。

1. サービスの特徴を箇条書きで書き出しておく

2.「型」を参考に、項目ごとに分類する

3. 文章にまとめる

CHAPTER 4

サービス説明文を書こう

▶ サービス説明文の構成要素

この章では、物品の販売ではなく「目に見えないもの」を売っている業種の紹介文について解説していきます。ここでは、パソコン教室を事例として、学習していきます。最初に、サービスの特徴やメリットなどを5つのパートに分けて書き出し、その後文章として組み立てるという流れで進めていきます。

❶ サービスの特徴をひとことで

キャッチコピーです。ここでは、サービスの「よさ」を説明するための短い文章と考えてください。特に、「誰に」読んでもらいたいのかを意識して書くようにしましょう。

❷ サービスの説明文を5〜10行で

サービス説明文を書く上で重要なことは、「利用者の不安をできるだけ取り除く」ことです。利用前の不安にフォーカスし、解消できるという内容を含めながら、長くなりすぎない分量で書きましょう。

❸ どんな人におすすめか？

サービスを利用しようとしている人が、現在どのような状態にあるのか、何の課題を抱えているのかといった具体例を、説明文の中に入れておきます。

❹ 利用者の感想を入れる

実際に利用した人の感想を入れると、説得力が増します。箇条書きで入れましょう。

❺ 最後の一押し

文章を読んだ人に、どのような行動を起こしてほしいかを、最後の一言に盛り込みましょう。

実践編❶　**実践編❷**　実践編❸　実践編❹　実践編❺

● サービス紹介のページ例

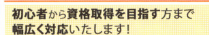

❶ サービスの特徴をひとことで書いています。キャッチコピーと呼ばれる部分です。

❷ サービスの説明文を簡潔にまとめています。説明文の中には、不安を解消する内容を入れましょう。

❸ 「どんな人におすすめ」なのか、具体例を挙げています。

❹ 実際に利用した人の感想を書きます。

❺ どんなアクションを起こしてほしいかを書きましょう。

(例題) パソコン教室の説明文を書いてみよう

初心者にフォーカスして
パソコン教室の説明文を書いてみよう

ここでは、以下のようなパソコン教室を例に、サービス説明文を作ってみます。「初心者にフォーカスして書いた場合」を例として文章を組み立てていきます。

サービスの詳細

- ☑ 超初心者でもOK
- ☑ 資格取得者向けのコースもあり
- ☑ カリキュラムの幅は広い
- ☑ 駅からは少し離れているが駐車場あり
- ☑ 教室の雰囲気は明るい
- ☑ 丁寧なレッスンを心がけている
- ☑ 女性インストラクター多数
- ☑ 50歳以上の受講生が多い
- ☑ 個別レッスン、グループレッスンが選べる
- ☑ 自分のパソコンを持ち込み可
- ☑ 自習スペースあり
- ☑ 料金は定額制

など

▶ サービス説明文を書くための流れ

前ページのサービスに対し、以下のような流れに沿ってサービス説明文を組み立てていきます。

1 サービスを分析する

サービス説明文を書くにあたって、もっとも重要なことは「サービスの分析」です。最初に、次の**A**〜**E**に従って、サービスの分析を行います。

A サービスを利用する対象者は誰か？
B 競合と比較したときのメリットとデメリットは？
C 対象者はどんな課題を解決したいと思っているか？
D サービスの特徴や詳細情報は？
E 対象者にどんなアクションを起こしてほしいか？

2 文章にまとめる

A〜**E**で書き出した内容を元に、キャッチコピーや具体的なサービス内容、どんな人におすすめか？　など、次の❶〜❺の構成要素に従って文章を書きます。具体的な対象者を思い浮かべながら書くと、書きやすいでしょう。

❶サービスのメリット（キャッチコピー）　❹利用者の感想
❷サービスの説明文　　　　　　　　　　　❺ラスト一押しのコメント
❸どんな人におすすめしたいか

A〜**E**ではたくさんの情報を書き出しますが、ここではその中から、必要な情報を取捨選択して文章を組み立てます。その際、「利用前の不安を解消する視点」で書くようにします。

3 利用者の声を集めておく

サービスを利用した人からの感想は、「口コミ」の側面を持っています。成約を後押しする力があり、実際に「お客様の声を読んで決めた」という例も少なくありません。次のような方法で、普段から利用者の声を集めておくようにします。

・利用者のアンケートを取る
・受講後に感想を聞いてみる

STEP 1 分析 サービスを分析する

P80のサービス情報を参考に、A〜Eの内容を、箇条書きで書き出してみました。またA〜Eとは別に、「契約を促す決め手となる内容」を「ラスト一押しのコメント」として考えておきます。

A サービスを利用する対象者は誰か？

- パソコン初心者
- パソコンが苦手な人
- 資格取得を目指す人
- 年賀状や文書作成など、ソフトウェアを習得したい人

B 競合と比較したときのメリットとデメリットは？

【メリット】
- カリキュラムの幅が広い
- 初心者から資格取得者まで対応
- 専任のカウンセラーがカリキュラムを組む
- 自分のペースで学習を進められる

【デメリット】
- 駅から少し離れている（コインパークはあり）

C 対象者はどんな課題を解決したいと思っているか？

- パソコンをまったく触ったことがないので、基本操作を身につけたい
- キーボードの配列、マウスの操作から覚えたい
- 暑中見舞いや年賀状など、特定のソフトウェアを覚えたい
- 身近にパソコンのことで相談できる人がほしい
- 資格を取得して仕事の幅を広げたい
- 就職、転職を有利にしたい

D サービスの特徴や詳細情報は？

- 幅広いカリキュラム
- 初心者にも親切
- 教室の雰囲気は明るい
- 女性のインストラクターが多い
- 遅い時間までやっている
- ビジネスユーザー向けのコースがある
- 資格取得までサポートできるインストラクターがいる
- オリジナルテキストを用意している
- 駅から離れているが、コインパークが近所にある

E 対象者にどんなアクションを起こしてほしいか？

- 体験レッスンへの参加
- 入会のお問い合わせ（電話、メール）
- キャンペーンへの応募

| 実践編❶ | **実践編❷** | 実践編❸ | 実践編❹ | 実践編❺ |

STEP ② 文章化 > 文章にまとめる

箇条書きで書き出した🅐〜🅔の内容を、5つの構成要素に従って、文章にまとめてみます。文章の組み立て方法については、P38 も参考にしてください。

❶ サービスのメリット（キャッチコピー）

パソコンが苦手という初心者さん、大歓迎です！

> 🅐で書き出した対象者に呼びかけるようなスタイルで書いています。

❷ サービスの説明文

せっかくパソコンを購入しても、使い方がよくわからなくて大変な思いをしていませんか？当パソコン教室では、楽しい雰囲気の中で、仲間と一緒にゼロからパソコンを学んでいただけます。一人一人のペースに合わせたカリキュラムを組むことができますので、初めての方でもご安心ください。

> 🅑🅒🅓でピックアップした内容を文章にしています。🅐で設定した対象者に話しかけるように書いてみましょう。

❸ どんな人におすすめしたいか

「マウス操作が不安」「キーボードの配列がよくわからない」という方や「そもそもパソコンって何？」という超初心者さんも大歓迎です。

> 🅐や🅒から「想像できる人」を2〜3項目ピックアップし、文章にしていきます。

❹ 利用者の感想

・タイピングのスピードが速くなった！
・先生がとても優しかったので、無理なく取り組むことができました。
・自分のペースで進めることができたのが、とてもよかった。

> あらかじめ集めておいた購入者のコメントを箇条書きで掲載しましょう。

❺ ラスト一押しのコメント

私たちと一緒にワクワクしながら、「最初の一歩」を踏み出しましょう。
まずは無料体験のお申し込みを！

> 最後に、🅔の内容を反映させた文章を書きます。

STEP 3 完成 初心者にフォーカスしたパソコン教室の説明文

▶ 完成ページの例

分析した内容を文章にまとめた結果、次のような文章が完成しました。

パソコンが苦手という初心者さん、大歓迎です！ ❶

せっかくパソコンを購入しても、**使い方がよくわからなくて大変な思いをしていませんか？** 当パソコン教室では、**楽しい雰囲気**の中で、**仲間と一緒にゼロから**パソコンを学んでいただけます。

一人一人のペースに合わせたカリキュラムを組むことができますので、初めての方でもご安心ください。 ❷

「マウス操作が不安」「キーボードの配列がよくわからない」という方や「そもそもパソコンって何？」という超初心者さんも大歓迎です。 ❸

実際に受講した皆様からは、

- タイピングのスピードが早くなった！
- 先生がとても優しかったので、無理なく取り組むことができました
- 自分のペースで進めることができたのが、とても良かった
❹

という嬉しいお声をいただいております。

最初に専任のカウンセラーが、じっくりご要望をお聞きしてからスタートします。合わないと感じた場合、無理に入校を進めることはありません。

私たちと一緒にワクワクしながら、「**最初の一歩**」を踏み出しましょう。まずは**無料体験のお申し込み**を！ ❺

無料体験のご予約 ▶ TEL:012-3456-7890

STEP 4 解説　例文解説

▶ 例文のポイント

完成したサービス説明文❶～❺のポイントは、次の通りです。

❶ サービスのメリット（キャッチコピー）

パソコン教室の説明をする場合、レベルや目的別に対象者を分けて考えると文章を作成しやすくなります。ここでは、基本操作を習得したい初心者が対象なので、「パソコンが苦手」「初心者」というキーワードを使って構成しました。
「～さん、」という呼びかけは、読み手に「自分のことだ！」と共感してもらいやすいフレーズですので、覚えておきましょう。

❷ サービスの説明文

ここでは、パソコンの初心者が着目しそうな、5つの項目に焦点をあてて書いています。現時点での状況や心理状態にフォーカスして、以下の点をピックアップし文章にしました。キャッチコピーで「～さん、」という呼びかけの表現を使用しましたが、説明文の中でも、閲覧者の状況を想像して共感してもらえるような項目を盛り込んでいます。
「初心者が」「安心して」選べるというところに、特に着目しています。

【現在の状況】
パソコンを購入したが、使い方がよくわからない
【雰囲気】
楽しい仲間がいる
【レベル】
「マウス操作が不安」など
【カリキュラム】
一人一人のペースに合わせたカリキュラムを組むことができる
【対象者】
超初心者、パソコンが苦手

❸ どんな人におすすめしたいか

具体的に、どんな課題を抱えた人に向けたサービスなのかを明確にするために「〜〜な方へおすすめ」というスタイルで書きます。「想定している読者層」をイメージしながら書くとよいでしょう。

❹ 利用者の感想

パソコン教室を利用している中で、初心者や高齢者のコメントをピックアップして掲載しました。「タイピングが速くなった」の項目では習得の効果、「先生がとても優しかった」の項目では雰囲気、そして「自分のペースで進めることができた」ではカリキュラムについて伝えられるようなコメントを選んでいます。

❺ ラスト一押しのコメント

迷っている人に向けて、「〜しましょう！」という呼びかけの形式をラストの一押しコメントとしました。「無料体験」があると伝えることで、問い合わせる際の心理的ハードルを下げる効果を狙っています。

▶ 対象を変更した場合

次ページで、対象者を変更した場合の完成例を提示しておきます。今度は、「仕事に役立つパソコンスキルの向上を目指している人」「資格を取得して、就職や転職に生かしたい人」に対象を変更しました。男女問わず 20 代後半から 40 代くらいの多忙な会社員が対象ですので、「スキルアップ」「難しい質問」「集中」「短期間」「就職・転職」など、対象者が反応しそうなキーワードを中心に使用しています。

❶ サービスのメリット（キャッチコピー）

「資格取得」「ビジネス」「スキルアップ」というキーワードで、想定対象者を引きつけます。時間があまりないことを想定し、「最短 2 週間」と期間の目安も表示しています。

❷ サービスの説明文

夜遅くまで開講していること、レベルの高い講師がいることなど、想定対象者が判断基準にしそうな内容を盛り込んでいます。競合他社と差別化できるポイントとして「自習室」があること、パソコンを持ち込むことができることも記載しました。

❸ どんな人におすすめしたいか

具体的にどんな課題を抱えた人に向けたサービスなのかを明示しています。ここでは前述の通り「スキルアップを目的とした人」を想定して書いています。

❹ 利用者の感想

実際にビジネスコースを利用した人のコメントをピックアップしています。「資格が取れるか」「仕事をしながらでも大丈夫なのか」など、入会前の疑問に答える内容を選んで掲載しました。

❺ ラスト一押しのコメント

想定対象者は、すでにインターネットで情報収集しており、競合と比較・検討していることが予想されます。ビジネスユーザー向けの特別なキャンペーンを提供することで、アクションを起こしてもらうという意図を反映させています。

● **仕事や資格にフォーカスして書いた場合の回答例**

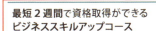

STEP 5 実践 | あなたの例を使って文章を書いてみよう

▶ あなたのサービスを分析しよう

あなたの会社で扱っているサービスを分析し、簡条書きで書き出してみましょう。

A サービスを利用する対象者は誰か？

B 競合と比較したときのメリットとデメリットは？

C どんな課題を解決したいと思っているか？

D サービスの特徴や詳細情報は？

E どんなアクションを起こしてほしいか？

実践編❶ **実践編❷** 実践編❸ 実践編❹ 実践編❺

▶ あなたのサービスを説明しよう

前ページでピックアップした箇条書きをもとに、文章にまとめてみましょう。

❶ サービスのメリット（キャッチコピー）

❷ サービスの説明文

❸ どんな人におすすめしたいか

❹ 利用者の感想

❺ ラスト一押しのコメント

CHAPTER 4 実践編②サービス説明文を書こう

サービス説明

実践編② サービス説明文を書こう | 089

まとめ｜サービス説明文を書こう

閲覧者が求めている内容によって、書き方が変わる！

2つの例文を通して、対象者が変わると内容が大きく変わってくることがわかっていただけたと思います。パソコン教室のように対象者が広い場合、全体を網羅した文章を書くこともできなくはないのですが、やはり分けた方がより伝わりやすくなります。閲覧者に「これは自分のことだ」と思ってもらえれば、成功です。

先生 同じパソコン教室が提供しているサービスでも、閲覧者の年齢層や求めている内容によって、文章が変わってくるわね。

生徒 趣味で暑中見舞いや年賀状を作りたい人と、ビジネスに生かしたい人では、教わりたい内容も違うでしょうし、教室を探すときに確認するポイントも全然違ってきますね。

先生 例えば、暑中見舞いや年賀状を作りたいと思っている人が、見るポイントはどこかしら？

生徒 パソコンにまだあまり慣れていない人が多いと思うので、まずは初心者に優しいかどうか、習いたいコースがあるかどうか、あとは教室の雰囲気でしょうか。自宅から近いか、あるいは駅から近いかなど立地も関係しそうです。

先生 その通り！　それでは、ビジネスに生かしたい人が見るポイントは？

生徒 まずは自分が習得したいアプリケーションのコースがあるか、会社帰りに寄ることができるか、修了までにどのぐらいの期間通うのか、などですかね…。資格があるものだと、合格率も気になりますね。

先生 そうね。対象者や目的ごとに、別々のページを用意できるとより伝わりやすくなるし、体験レッスンの申し込みへとつながりやすくなると思うわ。

生徒 なるほど！　対象者を思い浮かべながら書いてみます。

いろいろな事例で学習しよう

ここからは、ほかの業種にも応用できるよう、例文付きで解説します。「ピアノ教室」「美容室」「英会話教室」「印刷業」の4種類です。最初に、NG例から紹介します。

✗ ピアノ教室

こんにちは！ピアノ教室です♬ ― 1

「ピアノをもっとたくさんの人に！」そんな思いで、この教室をオープンしました。ピアノを通して出会えるエレガントで素敵な世界を体験してみませんか。 ― 2

当教室では、口コミでたくさんの生徒さんに来ていただいています。ワイワイ楽しい教室ですよ。 ― 3

POINT 1　キャッチコピーがあいさつ文になってしまっている

ピアノ教室の紹介文という設定ですが、あいさつ文になってしまっています。ここは、どんな目的の人に向けた教室なのかが明確にわかる文言にしましょう。

> **改善例**　初心者にも優しいピアノ教室です／本格的なピアノ教室です／幼児向けピアノ&リズム教室です／初心者から本格派まで幅広く対応します　など

POINT 2　表現が抽象的になっている

ピアノ教室を探している人にとって、「先生の思い」よりも、どんなレベルのレッスンなのか、音楽のジャンルはどうなのか等、具体的な内容があった方がよいでしょう。

> **改善例**　当教室では、楽譜の読み方がよくわからないというレベルの方から、音大を目指す方まで、幅広く対応しています。

POINT 3　最後のひとことを忘れずに

最後に、どのようなアクションを起こしてほしいかを入れましょう。

> **改善例**　おかげ様で、口コミでたくさんの生徒さんに来ていただいています。フレンドリーで楽しい教室ですので、安心していらしてください。まずは体験レッスンのお申し込みを！

事例 1　● 美容室

💗 夏の疲れ、ヘッドスパで癒しませんか？ ― 1

真夏の強い日差しは、予想以上に髪や頭皮にダメージを与えます。痛んだ髪をそのままにしておくと、枝毛や抜け毛などのトラブルが発生しやすくなります。涼しくなってきた今こそ、「ヘッドスパ」でしっかりケアをして、身体も心も頭皮もいたわってあげましょう。 ― 2

「最近、髪がパサつきが気になる」「秋になって枝毛や切れ毛が気になる」「とにかく疲れたので癒されたい！」という方におすすめします。

8月30日～9月10日までキャンペーン期間中につき、特別価格で提供中！

ヘッドスパ料金
- 💗 スピードコース（30分）　5,000円 ⇒ 4,000円
- 💗 レギュラーコース（60分）8,500円 ⇒ 7,500円
- 💗 スペシャルコース（90分）11,500円 ⇒ 10,000円

Special Price!!

まずはお電話でお問い合わせください。 ― 3

通常、美容室にはたくさんのサービスメニューがありますが、ここではキャンペーン商品を想定した紹介文をご紹介します。

POINT 1　キャッチコピーを呼びかけに

キャッチコピーは、サービスメニューの名称「ヘッドスパ」をそのまま使い、「～しませんか？」と呼びかける形にしました。ストレートに伝えることを目的としています。

POINT 2　「課題」にフォーカスし、対象者を入れる

サービスの説明文は、「悩み」「課題」にフォーカスして書きました。「どんな人におすすめか」も入れておくと、より共感されやすい文章になります。

POINT 3　期間限定を明記することで、行動を促す

期間限定のキャンペーンであることと、メニュー・料金を明示することで、閲覧者の決断を促す役割を果たしています。最後の一押しも、お忘れなく。

事例 2

英会話教室

海外旅行に行くなら「トラベル英会話コース」!! ― 1

海外旅行を予定しているけれど、英語が不安・・・そんなあなたにおススメなのが、海外旅行に特化した「**トラベル英会話コース**」です。当教室では、専任の講師がマンツーマンでレッスンをおこないます。一人一人のペースに合わせた**レッスンをカスタマイズ**することができますので、英会話教室に通うのが初めてという方でも安心です。

受講した方からは、
- 自分にあった内容で進めてくれたのがよかった
- 必要なところだけ学べるところが、気に入っています
- 道のたずね方など、海外旅行で本当に役に立ちました

というお声をいただいております。
アットホームな雰囲気の中で、楽しくレッスンを進めましょう。
まずはお問い合わせフォームから、体験レッスンを予約してください。お待ちしております。 ― 3

― 2

大手ではなく、小規模で経営している英会話教室を想定しています。サンプルでは、いくつかあるコースの中から一つをピックアップし、説明文を組み立てました。

POINT 1 コース名を明記したキャッチコピー

一口に英会話を習うと言っても、人によって目的はさまざまです。ここでは、「海外旅行に行く」という文言で、対象者を明確にしています。

POINT 2 コースについての説明と受講者の声

英会話コースの説明文です。コース内容について簡潔に説明しています。受講経験者からの声を載せることで、安心感を与えることができます。

POINT 3 最後の一押しを入れる

最後に、どんな雰囲気でレッスンしているのか、そして読後のアクションを促す一言を入れています。

事例 3 ● 印刷業

サービス案内のページに掲載する印刷会社の説明文です。ここでは、少部数・少ロット印刷に特に力を入れている印刷会社を想定しています。

POINT 1　サービスの特徴をそのままキャッチコピーに

キャッチコピーでは、そのままストレートに「少ロット、少部数」と表現しています。「少ロット」などのキーワードで検索する閲覧者を想定しています。

POINT 2　具体的な事例を掲載した説明文を

説明文では、成果物の事例を列記し、より具体的に伝わるようにしています。特に導入事例では、部数と納品までの日数を明示することで、説得力を高めています。

POINT 3　最後の一押しを入れる

最後の一押しを、忘れずに入れましょう。

CHAPTER

5

実践編③

店舗紹介・
会社案内文を書こう

CHAPTER 5 のお題

第 5 章では、店舗や企業の Web ページに必ず必要な「店舗紹介・会社案内」の書き方を学んでいきましょう。

店舗紹介と会社案内、それぞれの役割ですが、次のような違いがあります。

▶店舗案内：
お店の特徴やメリットなどを的確に伝え、来店のきっかけ作りをする

▶会社案内：
新規の取引先や見込み客から信頼を獲得し、お問い合わせや契約につなげる

どちらも、基本的な「型」を覚えておくことで書きやすくなるという共通点があります。次ページ以降で解説するポイントを押さえて、文章作成に役立ててください。

本章では、以下の手順で解説を進めていきます。

▶店舗案内の場合

1. 店舗の特徴を箇条書きで書き出しておく

2.「型」を参考に分類する

3. 文章にまとめる

▶会社案内の場合

1. 企業理念、事業内容、そのほか基本的な情報を書き出す

2.「型」を参考に分類する

3. 文章や表形式にまとめる

CHAPTER 5

店舗紹介文を書こう

▶ 店舗紹介文を書くための3つのポイント

インターネットで検索した人が、まだ行ったことがないお店のホームページにたどり着いたときに、高確率で閲覧するのが「店舗紹介」のページです。ここでは、お店の特徴が的確に伝わる店舗紹介文の書き方について、例文をもとに解説します。

最初に、お店の特徴や強みを分析します。その後、分析内容を次の3つの項目に当てはめ、文章として組み立てるという流れで進めます。

❶ 店舗の特徴をひとことで

キャッチコピーと呼ばれる部分です。お店の「よさ」「特徴」をひとことで説明した、短い文章と考えてください。立地（駅から3分、商用施設と近い）や他店にはない強みなどを伝えましょう。

❷ 店舗の説明文を5〜10行で

店舗の説明文を、コンパクトにまとめます。ついつい、たくさん書いてしまいたくなりますが、3〜5個ぐらいに絞って、文章としてつないでいくとちょうどよい分量になるでしょう。何度か読み返してみて、物足りなさを感じた場合に足していくようにします。

❸ こだわりを3つにまとめる

お店の特徴を伝えたいときに「3つの〜〜」「5つの〜〜」など、数字をつけてまとめると、文章を組み立てやすい上に、閲覧者の目を引き、読まれやすくなるというメリットがあります。ここでは、「こだわり」を3つに絞ってまとめてみました。

● カフェの店舗紹介のページ例

❶ キャッチコピーに当たる部分です。お店の特徴、立地などを短い言葉で表現しています。

❷ 店舗の説明文です。5〜10行にまとめると、読みやすくなります。

❸ 店舗のこだわりを3つにまとめて掲載しました。3つの文章それぞれに、「1. 電源の用意」「2. インターネット完備」「3. 疲れにくい椅子」と、番号付きの小見出しをつけています。

(例題) カフェの店舗紹介を書いてみよう

> 自店の強みにフォーカスして
> 店舗紹介を書いてみよう

以下のカフェを例に、店舗紹介文を作ってみます。ここでは、「店舗の強みや他店と差別化できるポイントにフォーカスして書く方法」を解説していきます。

カフェの詳細

- ☑ 2010年に開店
- ☑ 郊外の洋館を改装して作ったカフェ
- ☑ 駅からは遠いが、駐車場あり
- ☑ 静かな環境
- ☑ 木の質感を生かした落ち着いた内装
- ☑ 庭があり、緑をふんだんに取り入れている
- ☑ 一人で来る人が多い
- ☑ コーヒー豆にはこだわりがあり、自家焙煎している
- ☑ コーヒー豆は契約農園からオーガニックなものを中心に仕入れている
- ☑ 良質なコーヒー豆からいれたコーヒーは冷めても美味しい
- ☑ 無線LANあり
- ☑ 30席
- ☑ 週末はランチあり
- ☑ 月に2度ほどイベントを開催している
- ☑ 地域貢献を志向している
- など

▶ 店舗紹介文を書くための流れ

前ページのカフェに対し、以下のような流れに沿って店舗紹介文を組み立てていきます。必要な情報と不要な情報を取捨選択しながら、組み立てていきましょう。

1 店舗の強みや特徴を分析する

最初に、次の点について店舗の分析を行います。

A 立地

「人が来る」を前提としている店舗については、まず「どこにあるのか？」が最重要ポイントです。地名や駅からの距離など、閲覧者が把握しやすい情報を入れます。

B 設備・空間

お店の雰囲気や立地環境なども、来店を決めるポイントになります。

C メニュー

メニューに関するアピールポイントをピックアップします。

D 接客・サービス

お店の「こだわり」や、他店との差別化につながるサービスがないか、分析します。

E 想い

お店をオープンしたときの想いや経緯を伝えることは、閲覧者の共感を呼び込み、興味を持ってもらえるきっかけになります。

2 A～Eを各要素に当てはめる

A～Eで書き出した項目を、次の3つの要素に当てはめていきます。

❶ 店舗の特徴をひとことで（キャッチコピー）
❷ 店舗の説明文
❸ 3つのこだわり

3 文章にまとめる

各項目を❶～❸の要素に当てはめたら、文章にまとめていきます。

STEP ① 分析 店舗を分析する

P100 の店舗情報を参考にしながら、**A**〜**E**の内容を、箇条書きで書き出してみました。

A 立地

- 郊外
- 千葉県市川市に所在
- 駅からは遠い（駐車場はあり）

B 設備・空間

- 緑が多く、自然に囲まれた空間
- 木目を基調とした内装で落ち着く雰囲気
- 静かでゆったり過ごせる

C メニュー

- コーヒーに特にこだわりあり
- 契約農園から豆を仕入れている
- オーガニックな豆を自家焙煎している
- 冷めても美味しい

D 接客・サービス

- 月に2度、イベントを開催
- 地域活性化に貢献するイベント
- 個人の好みに合わせたコーヒーのアドバイス

E 想い

- もともとはサラリーマンだった
- 初めてオーガニックコーヒーと出会い、魅了される
- いつか自分の店を持ちたかった
- 周囲の支援があって、チャンスが来た
- 2010年、念願かなってオープン
- オーガニックの魅力をたくさんの人に広めたい

STEP 2 文章化　文章にまとめる

箇条書きで書き出した A ～ E の内容を、3つの構成要素に従って、文章にまとめてみます。文章の組み立て方法については、P38 も参考にしてください。

❶ 店舗の特徴をひとことで（キャッチコピー）

> 千葉県市川市の郊外にある隠れ家的なカフェです。

> A と B の内容を反映させ、短い言葉で表現しました。

❷ 店舗の説明文

> 寄り路カフェは、オーガニック・カフェです。安心で安全な材料を使った自然な味を、たくさんの人に知ってもらいたいと思い、2010年3月にオープンいたしました。たっぷりの緑に囲まれ、窓から差し込む自然の光の中で、ゆったりとくつろげる時間をお過ごしください。お客様の好みに合わせたコーヒーの選び方もアドバイスいたしますので、お気軽にスタッフにご相談ください。

> A、B、C、D、E からピックアップした内容を反映させています。

❸ 3つのこだわり

> ①豆へのこだわり
> 当店では、オーガニックのコーヒー豆にこだわっています。厳選した契約農園から仕入れた豆を自家焙煎した後、ゆっくりと抽出していきます。深く香ばしい味わいは、冷めても美味しく召しあがれます。
>
> ②居心地のよさへのこだわり
> 自然の中で、心からくつろげる空間を作りたいという想いから、郊外にお店を構えています。スタッフはあたたかな接客を心がけており、居心地のよい雰囲気づくりにこだわっています。
>
> ③交流へのこだわり
> 当店では、お客様とのふれあいを大切にしています。月に2度、イベントや講習会を通して、コーヒーに対する知識を深めていただくほか、地域活性化の役割も果たしたいと考えています。

> 特にこだわっている部分を3つの項目にまとめています。①⇒ C 、②⇒ B 、③⇒ D の内容を反映させています。

STEP 3 完成 自店の強みにフォーカスした店舗紹介文

▶ 完成ページの例

分析した内容を文章にまとめた結果、次のようなページが完成しました。

千葉県市川市の郊外にある隠れ家的なカフェです。 ①

寄り路カフェは、オーガニック・カフェです。**安心で安全な材料をつかった自然な味**を、たくさんの人に知ってもらいたいと思い、2010年3月にオープンいたしました。

たっぷりの緑に囲まれ、**窓から差し込む自然の光の中**で、ゆったりとくつろげる時間をお過ごしください。お客様の好みに合わせた**コーヒーの選び方もアドバイス**いたしますので、お気軽にスタッフにご相談ください。 ②

寄り路カフェの   のこだわり

1.豆へのこだわり
当店では、**オーガニックのコーヒー豆**にこだわっています。**厳選した契約農園**から仕入れた豆を自家焙煎した後、ゆっくりと抽出していきます。深く香ばしい味わいは、冷めても美味しく召しあがれます。

2.居心地のよさへのこだわり
自然の中で、心からくつろげる空間を作りたいという思いから、**郊外にお店を構えています。**スタッフはあたたかな接客を心がけており、**居心地のよい雰囲気づくり**にこだわっています。

3.交流へのこだわり
当店では、**お客様とのふれあいを大切**にしています。月に2度、イベントや講習会を通して、コーヒーに対する知識を深めていただく他、地域活性化の役割も果たしたいと考えています。 ③

STEP 4 解説 　例文解説

▶ 例文のポイント

完成した店舗紹介文❶〜❸のポイントは、次の通りです。ここでは、検索などで調べて同商圏内でカフェを探している人を想定しました。週末に静かなカフェで、ゆったり読書をしながら、こだわりのコーヒーを楽しみたい人が対象者です。

❶ 店舗の特徴をひとことで（キャッチコピー）

ここでは「立地」にフォーカスして書いています。駅から近くもなく場所も若干わかりにくいというデメリットを、あえて「隠れ家」という表現にしました。「千葉県市川市」と入れているのは、検索で「土地名　＋　カフェ」と入れて検索して来た人に対して、適切に情報を伝達するためです。なお、長所と短所は表裏一体です。誇張や虚飾はいけませんが、一見短所と思われることも、書き方次第で長所に転換できるということを、覚えておくとよいでしょう。

❷ 店舗の説明文

このホームページに初めて訪問した人を想定しているので、説明文はできるだけコンパクトにし、短い時間で特徴をつかんでもらえるように書いています。「オーガニック」「安心で安全」「たっぷりの緑」「自然の光」「ゆったり」「（好みに合わせて）アドバイス」などで、他店にはない特性を入れました。そして「たくさんの人に知ってもらいたい」という箇所で、「想い」を伝えています。

❸ 3つのこだわり

「3つのこだわり」を組み立てる際、まずは「〜〜へのこだわり」という言葉で、伝えたいことをピックアップします。その中から、他店と比較して優位性があるものを3つ選んでから、文章にまとめていきます。各項目の説明は、P102で分析した内容を反映させています。

STEP 5 実践 あなたの例を使って 文章を書いてみよう

▶ あなたの店舗を分析しよう

あなたの店舗の強みや特徴を分析し、箇条書きで書き出してみましょう。

A 立地

B 設備・空間

C メニュー

D 接客・サービス

E 想い

実践編❶　実践編❷　**実践編❸**　実践編❹　実践編❺

▶ あなたの店舗を説明しよう

前ページでピックアップした箇条書きをもとに、文章にまとめてみましょう。

❶ 店舗の特徴をひとことで（キャッチコピー）

❷ 店舗の説明文

❸ 3つのこだわり

CHAPTER 5　実践編❸ 店舗紹介・会社案内文を書こう

店舗紹介・会社案内

実践編❸ 店舗紹介・会社案内文を書こう ｜ 107

STEP 6 応用

会社案内を書こう

▶ 簡潔に伝わる会社案内を書こう

企業のホームページに欠かすことのできないのが「会社案内」のページです。「会社案内」のページは、取引先や顧客からの信用を得ることを基本的な目的としています。

次ページの会社案内は、サービス業、製造業、不動産業、建設業、通信業、不動産業など、さまざまな業種に応用できる書き方です。ここでは B to B の企業を想定しているため、少し硬い文章になっています。「理念や事業内容」「代表メッセージ」「会社概要」「沿革」の 4 項目に分けて解説します。

❶ 理念や事業内容

ここでは、事業の内容や理念を伝えるメッセージを書きます。例文では「事業内容」「理念」「実績」を 3 点を盛り込んでいます。「製造業向けクラウドサービス」「製品の開発や改善」が事業内容、「お客様とともに成長する」が理念、「日本初」「1000 社」が実績にあたる部分です。ポイントは「数字を入れる」こと。説得力が大幅に増しますので、実績を数字で表現できる場合は、ぜひ掲載してください。

❷ 代表メッセージ

代表メッセージは、「創業理由」「社長の想い」「発展、成長を感じさせるメッセージ」を盛り込んでいます。特に、会社を創業した理由や、社長自身の思いなどがわかる内容が入っていると共感されやすくなります。例文では「代表メッセージ」としていますが、「代表挨拶」「社長メッセージ」などの表記でもよいでしょう。

❸ 会社概要

事業規模や所在地がわかる内容を書きます。表形式にすると見やすくなります。項目については、法律上の決まりがあるわけではありませんが、「信用してもらえる」ことを念頭におき、必要と思われる情報を掲載します。例文では必要最低限の内容になっていますが、ほかに「資本金」「決算期」「取引先銀行」「主要取引先」「株主」「役員」などを載せてもよいでしょう。

CHAPTER **5**

実践編③店舗紹介・会社案内文を書こう

❹ 沿革

「沿革」は、会社の歴史を記載した一覧です。時系列で、古い順に記載していくのが一般的です。「その会社が信頼に値するかどうか」を判断する際の材料になり得る項目でもあります。特に社歴がある会社は、信頼の後押しになりますので記載しましょう。受賞歴や資格取得の掲載も、有効です。

● 会社案内のページ例

製造業向けクラウドサービスを開始した日本初の企業です

弊社は、2007年に日本で初めて、製造業向けにクラウドサービスを提供した企業です。ユーザーとメーカーが一体となって開発に取り組んだ結果、幅広いニーズにお応えできるようになりました。結果、国内に取引企業が1000社となり、小さいながらも多くのお客様に支持をいただいております。

「お客様とともに成長する」をモットーに、さらに喜んでいただけるよう、優れた製品の開発や改善に努めています。

代表メッセージ

当社は2005年に、ネットワーク系のシステム開発会社として創業し、現在に至ります。創業以来、製造業に15年間つとめた経験を生かし、お客様の立場に立ったシステム作りに邁進してきました。当時の業界には、業務に関する多くの課題が存在し、システムの力で何とかしたいという思いから一念発起し、起業しました。今では、業界全体の活性化に寄与できたのではないかと自負しております。

製造業界の業務効率化に貢献することを第一に、今後もさらなるチャレンジを続けて行きますので、変わらぬご支援をお願いいたします。

株式会社神道　代表取締役 志鎌 信一郎

会社名	株式会社神道
代表者	代表取締役 志鎌 信一郎
所在地	〒123-456 東京都港区青山1-1-1　JKビル1F
電話番号	012-3456-7890
従業員数	50名
事業内容	製造業向けクラウドサービス、システム開発

沿革

2005年10月	会社設立
2006年12月	事務所移転（台東区上野から港区青山へ）
2010年7月	日本初の製造業専用クラウドサービス提供
2015年11月	製造業専用クラウドサービスの契約社が1000社を突破

店舗紹介文を書こう
まとめ

BtoCとBtoBでは、書き方が変わる！

店舗紹介と会社案内は、閲覧者にどのように受け取ってもらいたいかで書き方が異なります。店舗案内などの一般消費者向けサービスの場合は、語りかけるような柔らかい雰囲気で、BtoBなどの企業間取引の場合には、信頼性が増すような堅実な書き方を心がけてみてください。

生徒　店舗と会社案内の説明文は、まったく雰囲気が違いますね。

先生　そうね。見る側の目的も、ページにたどり着く経緯もまったく違うので、書き方が変わってくるわね。

生徒　はい。文章から受ける空気感も違っているのは、対象が「一般消費者」と「企業」の違いによるものだからでしょうか？

先生　その通りよ。主に企業の担当者が見る会社案内は少し硬めの文章、一般のお客さんが見るカフェの店舗案内は柔らかい雰囲気で書いているの。前者は「信頼性」に、後者は「親しみやすさ」にフォーカスして書いているということね。ところで、店舗紹介の方は「検索エンジン」を少し意識して書いていることに気づいた？

生徒　オーガニックカフェの紹介文の中で、「千葉県市川市」という表記がキャッチコピーに登場していますが、その辺りですか？

先生　そう。「千葉県市川市　カフェ」「市川市　オーガニックカフェ」などで検索してきた人がたどりついたときに、「自分の探している情報がここにありそうだ」と思ってもらうために入れているわ。

生徒　なるほど！　店舗紹介文を書くときは、取り入れてみます。

先生　業種に合わせて、使い分けてみてね！

いろいろな事例で学習しよう

ここからは、ほかの業種にも応用できるよう、例文付きで解説します。「税理士事務所」「ペットサロン」の2種類です。

税理士事務所

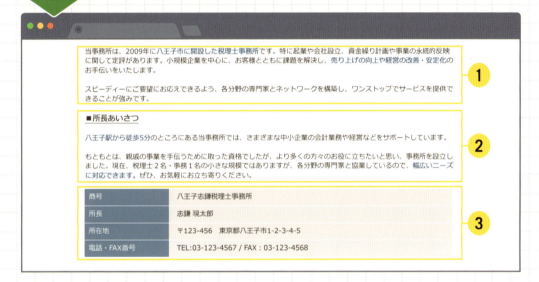

小規模の税理士事務所を想定した会社案内文です。人柄が重視される業種なので、所長のあいさつは必須です。

POINT 1　事務所の特徴や強みを入れる

「小さな企業」「小規模企業」という言葉で、対象者（社）を明確にしています。税理士事務所は幅広い業務を扱うため、特に強みのある分野を抜き出して、列記しています。

POINT 2　親しみやすさを表現する

所長あいさつでは、事務所を設立した経緯と「お気軽にお立ち寄りください」という表記で、親しみやすさを表現しました。

POINT 3　会社概要は表組みでシンプルに

会社概要はシンプルに表記しています。

事例 2 ● ペットサロン

埼玉県川越市のペットサロン「Shikama Salon」は、24時間対応いたします。 ①

当店は、お客様が安心してご利用いただけるペットサロンです。有資格者であり、熟練のスタッフが、心をこめて対応させていただきます。店内には広々とした**ドッグランの設備**を用意しており、ストレスなく過ごせるよう配慮しています。
無料送迎も行っておりますので、お気軽にお申しつけください。 ②

当サロン5つの安心

- 快適な環境　　店内はゆったりとした作りで、快適に過ごすことができます。
- スタッフの質　　有資格者の担当者が思いやりを持って接しますので、おびえることはありません。
- 豊富なメニュー　ワンちゃんに合わせた豊富なメニューを用意しています。
- 送迎いたします　送迎付きですので、車がない方でも安心してご来店いただけます。
- 美と健康に配慮　無添加のドッグフードを始め、ワンちゃんの美容と健康に配慮した商品をご用意。 ③

トリミングやペットホテルなどを提供しているペットサロンの店舗案内文です。「親しみやすさ」と「安心感」の2点にフォーカスして書いています。

POINT 1　キャッチコピーには地名を明記

検索してたどり着いた閲覧者にもわかりやすいように、地名を最初に表記しました。他店と大きく差別化ができる「24時間対応」は印象に残りやすいため、キャッチコピーに入れています。

POINT 2　店舗紹介のポイントは「安心感」

店舗の紹介文には、主に「安心感」を伝える内容を軸に書いています。

POINT 3　箇条書きにすることで、より伝わる

サロンの「安心へのこだわり」を5つにまとめて、わかりやすく伝えています。

CHAPTER

6

実践編④

プロフィール文を書こう

CHAPTER 6 のお題

企業はもちろん、フリーランスや小規模事業主の Web ページにおいて、代表者のプロフィールというのは、思いのほか閲覧されています。数行程度で簡単に表記する場合もありますが、第 6 章では、1 ページ、まるまるプロフィールページとして使用した場合を想定して、解説します。

プロフィール文の主な役割は、「人となり」を伝えることです。
例えば、

- この人のサービスなら利用したい
- 自分も同じような経験をしたので話を聞きたい
- 信頼できそうだから、この人に依頼したい
- 会ってみたい

と閲覧者に思ってもらうことが目的です。プロフィールを読んでもらい、その後、お問い合わせや来店につなげるという流れを想定しましょう。
このときにポイントとなるのは、漫画の中で先生が解説しているように**「誰に対して書くプロフィール文なのかを明確にする」**ということです。次ページ以降で「型」を用意していますので、それに沿って書いてみましょう。

本章では、以下の手順で解説を進めていきます。

1. 経歴や基本的な情報を箇条書きで書き出す

2.「型」を参考に、項目ごとに分類する

3. 文章にまとめる

CHAPTER 6

プロフィール文を書こう

▶ プロフィール文を書くためのポイント

小規模事業主の Web サイトやブログに欠かせないのが「プロフィール」のページです。実は、プロフィールのページは皆さんが思っている以上に閲覧されています。プロフィール文を書く上でもっとも大事なことは、「誰に向けて書くのか」ということです。伝えたい相手が、一般の人なのか企業の担当者なのか等、属性を絞っておくと書きやすくなります。まずは、基本となるプロフィール文の型を解説します。

❶ 基本情報と略歴

最初に、プロフィールの基本情報となる名前、出身地、居住区（活動拠点）、肩書き、誕生年、最終卒業校などを書きます。「どこの誰なのか」を明確にすることで、閲覧者の信頼を得ることを目的としています。

❷ サービス・活動内容の記載

プロフィール文の中心となる部分です。現在携わっている仕事や活動内容、ほかにはない強み、実績などがわかるようにしましょう。数字を使うと、説得力がアップします。学歴・略歴をこちらに掲載する場合もあります。

❸ 始めた理由

相手のことを知っていくうちに、「なぜそのサービス（活動）を始めたのか」と理由が気になるケースはよくあります。理由を示し納得してもらうことで、閲覧者の理解を深めることを目的としています。

❹ 想い

❷と同様、重要な部分になります。「なぜ、この仕事を始めたのか」「お客様に対して、どのような価値を提供したいと考えているのか」など、想いを書くことによって閲覧者からの共感を得やすくなります。

❺ 資格、免許、所属団体

所属している商工会や協会、そのほか、団体があれば明記しましょう。

❻ 出版、執筆・メディアなどの実績・関連情報へのリンク

「本を執筆した」「雑誌に掲載された」「インタビューを受けた」「テレビ番組に出演した」などの経歴があれば、必ず書いておきましょう。信頼度が何倍も違ってきます。仕事に関連した受賞歴などがあれば、記載します。ブログやSNS（Twitter、Facebook）などがある場合は、リンクを貼りましょう。

プロフィールのページ例

（例題）サロン店長のプロフィール文を書いてみよう

初めてWebページを訪問した女性に
フォーカスして
プロフィール文を書いてみよう

ここでは以下のようなサロン店長のプロフィール文を作ってみます。「誰に向けて書くのか」については、「サロンのWebページに初めて訪問した女性」にフォーカスして文章を組み立てます。

あらかじめプロフィール文用に書き出しておいた項目：

- ☑ 亜露間　咲子（あろま　さきこ）
- ☑ 1976年11月5日　岐阜県生まれ
- ☑ 幼少の頃はおとなしかった
- ☑ 国語、英語が得意
- ☑ アロマサロン「Aloma Aloma」店長
- ☑ 岐阜市立×××高校卒業、バレーボール部所属・副キャプテン
- ☑ 岐阜日本大学を卒業
- ☑ 地元の一般企業へ就職、事務職を10年
- ☑ 病気になり働けなくなった期間があり、食や生活改善の必要性に気づく
- ☑ アロマテラピーと出会い、本格的に勉強をスタート、イギリスへ留学
- ☑ 2010年にサロンオープン、のべ300名が来店
- ☑ オリジナルブレンドのサービスが好評
- ☑ メディア掲載歴あり

実践編❶ 実践編❷ 実践編❸ **実践編❹** 実践編❺

> ▶ **プロフィール文を書くための流れ**

前ページの内容に対し、以下のような流れに沿ってプロフィール文を組み立てていきます。

1 プロフィールの内容を分類する

プロフィールの要点を思いつくまま書き出しておいた内容をもとに、下記の9つに項目を分類します。**F**～**I**は、ない場合省略してもかまいません。

A 基本情報・略歴　　　　　　　**F** 資格・免許
B サービス・活動内容　　　　　**G** 所属団体
C 実績　　　　　　　　　　　　**H** メディア掲載実績
D 理由　　　　　　　　　　　　**I** リンク
E 想い

2 文章にまとめる

A～**I**で分類した内容を元に、配置を考えたり文章化をしていきます。ここでは、下記のフォーマットに当てはめて構成していきましょう。

❶**基本情報**
　　Aの一部を反映させます。

❷**略歴・理由**
　　Aの一部、**D**の項目を反映させます。

❸**サービス内容・実績**
　　Bと**C**の項目を反映させます。

❹**想い**
　　Eの項目を反映させます。

❺**資格・メディア掲載、リンクなど**
　　F～**I**の項目を反映させます。

3 情報の取捨選択をする

作成したプロフィール文を読み直して、不要な内容を削除したり、不足している情報があれば、追加します。経歴の中で、現在の仕事に関係ないものが入っている場合は、思い切って削ってしまってもよいでしょう。

CHAPTER 6 実践編④プロフィール文を書こう

プロフィール

実践編④ プロフィール文を書こう　119

STEP 1 分析　プロフィール内容を分析する

P118の情報を参考にしながら、プロフィールの要点を箇条書きで書き出してみました。

A 基本情報・略歴
- 亜露間 咲子（あろま さきこ）　・アロマサロン「Aloma Aloma」店長
- 1976年 岐阜県生まれ　・岐阜日本大学　・地元企業に就職（事務職）

B サービス・活動内容
- アロマサロンを運営中　・各施術コースあり　・オリジナルアロマのブレンド、販売

C 実績
- 年間300名が来店　・開店後5年経過　・イギリスで修行

D 理由
- 会社員時代に身体を壊した　・食や生活習慣の大切さを実感
- 悩みがあった頃にアロマテラピーと出会い、仕事にしたいと思った

E 想い
- 自分自身の体験から、同じような悩みを持った人を助けたい
- 悩みを持った人々の気持ちに寄り添いたい　・一人一人に合った施術を心がけている

F 資格・免許
- （公社）環境アロマ日本協会認定　アロマテラピーインストラクター　・メディカル日本アロマテラピー強化協会認定　アドバイザー　・メディカル日本アロマテラピー強化協会公認　エキスパート講師　・運転免許　・英検2級

G 所属団体
- 東京春日区商工会所属　・春日区女性起業家協会　・薬膳料理研究委員会

H メディア掲載実績
- ベリーベリー 2014年12月号　「おすすめのサロン」に掲載
- 読日新聞 2015年1月20日　取材記事掲載
- OLマガジン 2015年3月　「会社帰りに寄りたい隠れ家サロン」に掲載

I リンク
- Twitter　・Facebook　・代表ブログ

実践編❶　実践編❷　実践編❸　**実践編❹**　実践編❺

STEP 2 文章化　文章にまとめる

前ページの箇条書きを文章にまとめると、次のようになります。
文章の組み立て方法については、P38 も参考にしてください。

❶ 基本情報

亜露間　咲子（あろま さきこ）／
アロマサロン「Aloma Aloma 」店長　1976 年 岐阜県生まれ

> **A**の項目の一部を反映させています。

❷ 略歴・理由

1998 年に地元の岐阜日本大学を卒業後、会社員として一般企業に就職、事務職に従事。10 年間の社会人生活の中で、たびたび体調を崩し通勤できなくなったことがきっかけで、食や生活について見直すことに。独学で勉強を続けていく中で出会った「アロマテラピー」に強い興味を持ち、イギリスで本格的に修行しました。

> **A**の一部と**D**の項目を反映させています。「イギリスでの修行」は分類上では❸の実績になるのですが、❷に入れた方が流れが自然なので、このエリアに入れました。

❸ サービス内容・実績

帰国後、2 年間のサロン勤務を経て、2010 年に念願の自分自身のサロンをオープン。年間 300 名の方に来店いただいております。施術だけではなく、ご自宅でも楽しんでいただけるようオリジナルブレンドのサービス・販売にも力を入れております。

> **B**と**C**の項目が反映されています。

❹ 想い

自分自身のつらかった体験を通して、お客様の気持ちに寄り添い、一人一人が本来持っている自然治癒力を引き出し、より健康でいられるお手伝いができたらと思っています。

> **E**の項目を反映させています。

❺ 資格・メディア掲載、リンクなど

【資格】
・（公社）環境アロマ日本協会認定　アロマテラピーインストラクター
・メディカル日本アロマテラピー強化協会認定　アドバイザー
・メディカル日本アロマテラピー強化協会公認　エキスパート講師

【所属団体】
・東京春日区商工会所属
・春日区女性起業家協会
以下、省略

> **F**、**G**、**H**、**I**の情報を、箇条書きで反映させています。【　】は見出しの代わりに使います。

STEP 3 完成 初めてWebページを訪問した閲覧者に向けて書いたプロフィール文

▶ 完成ページの例

分析した内容を文章にまとめた結果、次のようなページが完成しました。

❶ 亜露間 咲子(あろま さきこ)／アロマサロン「Aloma Aloma」店長
1976年 岐阜県生まれ

❷ 1998年に地元の岐阜日本大学を卒業後、会社員として一般企業に就職、事務職に従事。10年間の社会人生活の中で、たびたび体調を崩し通勤できなくなったことがきっかけで、食や生活について見直すことに。独学で勉強を続けていく中で出会った「アロマテラピー」に強い興味を持ち、イギリスで本格的に修行しました。

❸ 帰国後、2年間のサロン勤務を経て、2010年に念願の自分自身のサロンをオープン。年間300名の方に来店いただいております。施術だけではなく、ご自宅でも楽しんでいただけるようオリジナルブレンドのサービス・販売にも力を入れております。

❹ 自分自身のつらかった体験を通して、お客様の気持ちに寄り添い、一人一人が本来持っている自然治癒力を引き出し、より健康でいられるお手伝いができたらと思っています。

❺
【資格】
・(公社)環境アロマ日本協会認定　アロマテラピーインストラクター
・メディカル日本アロマテラピー強化協会認定　アドバイザー
・メディカル日本アロマテラピー強化協会公認　エキスパート講師

【所属団体】
・東京春日区商工会所属
・春日区女性起業家協会

【メディア掲載情報】
・ベリーベリー 2014年12月号　「おすすめのサロン」に掲載
・読日新聞 2015年1月20日　取材記事掲載
・OLマガジン 2015年3月　「会社帰りに寄りたい隠れ家サロン」に掲載

【関連リンク】
・Twitter　https://twitter.com/xyzabcde
・Facebook　https://www.facebook.com/ichikawalinkup
・ブログ　http://ameblo.jp/chijkabcdef

STEP 4 解説 — 例文解説

▶ 例文のポイント

ここでの例文は、アロマサロンを探して初めてWebページを訪れた閲覧者を想定したプロフィール文になっています。初めて会う人に向けての「自己紹介」の位置づけなので、基本情報や略歴、サービス内容、想いなどを通して、基本的な「人となり」を伝える内容をピックアップしました。

❶ 基本情報

名前、店名、肩書き、出身地のごく基本的な情報を掲載しました。読みにくい漢字の場合は、ふりがなをつけましょう。

❷ 略歴・理由

どのような経歴をたどって今の仕事と出会ったのか、なぜその仕事をしようと思ったのかを説明しています。「たびたび体調を崩し」「食や生活について見直す」という部分については、同様の悩みを持った人も少なくないので、自身の持っていた過去の悩み（現在は解決されている）に言及することで、より閲覧者の共感を得やすくなります。

❸ サービス内容・実績

実績も交えて、サロンの設立やサービスについて説明しています。特に大事なのは「実績を数字で表す」ということです。「年間300名の方に来店いただいております。」と数字を明示することにより、説得力が大幅にアップします。数字で表現できるものは、必ず入れておくようにしましょう。

❹ 想い

お客様に対して「どのような価値を提供したいのか」を説明しています。ここでは簡潔に2～3行にまとめましたが、たくさん想いを書きたい場合には、上述したように別途ページを分けることをおすすめします。

❺ 資格・メディア掲載、リンクなど

資格、所属団体、メディア情報などを箇条書きで記載します。項目名を【 】でくくると見出しのような効果があり、見やすくなります。

STEP 5 実践 あなたの例を使って文章を書いてみよう

▶ あなたのプロフィールを分析しよう

あなた自身のプロフィール内容を分類し、箇条書きで書いてみましょう。

A 基本情報・略歴

B サービス・活動内容

C 実績

D 理由

E 想い

F 資格・免許

G 所属団体

H メディア掲載実績

I リンク

▶ あなたのプロフィールをまとめよう

前ページの箇条書きをもとに、文章にまとめてみましょう。

❶ 基本情報

❷ 略歴・理由

❸ サービス内容・実績

❹ 想い

❺ 資格・メディア掲載、リンクなど

【資格】

【所属団体】

【関連リンク】

プロフィール文
を書こう
まとめ

ボリュームを意識しながら書いてみよう！

プロフィール文のページは、Webサイトの中でも意外にアクセス数が多いページです。まずは「信頼されること」に重点をおいて書いてみましょう。このとき、ボリュームが多くなりすぎないように注意することも大切です。P130で、あえて文字数を意識して書いたパターンも取り上げています。Webの文章で文字数を意識する機会は少ないかもしれませんが、「文字の量＝読みやすさ」につながりますので、ぜひ学習しておいてください。

先生
今回は、プロフィール文の書き方について解説してきたけれど、どうだった？

生徒
普段、なかなか自分の経歴や経験、活動などを振り返ることがないので、よい機会になりました。時系列で書いていこうとすると、ついついダラダラしがちになるのですが、型に沿って当てはめる形式だと、書きやすいですね。

先生
そうでしょう。ページを印刷したときにA4用紙1枚ぐらいに収まるボリュームで書くのが理想ね。

生徒
はい。ただ、サービスへの思い入れが強い場合、どうしても文章が長くなってしまうケースもあると思うのですが…。

先生
そんなときは、「思い入れ」の部分だけ別ページにして、リンクを貼るという手があるわ。

生徒
なるほど！　長くなりそうな部分は別のページにすればよいのですね。

先生
そうよ。興味がある人はどんどんクリックして読んでくれるでしょうし、短い時間でプロフィールを把握したいと思っている人にとっては、やはり基本の型のようにコンパクトにまとまっている方が親切よね。

生徒
ありがとうございます。読みやすさに気をつけて書いてみます。

いろいろな事例で学習しよう

ここからは、ほかの事例にも応用できるよう、例文付きで解説します。「代表取締役社長の場合」「ブログやSNSで使う場合」「スタッフ紹介の場合」の3種類です。

事例 1　代表取締役社長のプロフィール

秋葉原　明夫
株式会社トップダウン　代表取締役社長
1962年5月11日生まれ山口県宇部市出身

1984年3月、日本明慶大学法学部卒業後、株式会社システムポケットに入社。同社にて、新規プロジェクト事業部に配属され、エグゼクティブプロデューサーを経て、名古屋支社長に就任。年々下がり続けていた業績をV字回復させ、3年で売り上げを2倍に伸ばす。1998年、最年少で海外支社へ勤務。トップセラー賞を受賞。

2010年独立。人材紹介会社を立ち上げ、代表取締役に就任。製造業に特化したサービスで業界のトップシェアを目指している。

【著書】
「親子で楽しく学ぶ経済学入門」（プルアップ出版社、2012年）

製造業に特化した人材紹介会社社長のプロフィール文という設定です。実績の部分にフォーカスした文章になっています。

POINT 1　まずは基本情報を

名前や会社名、肩書きなどの基本情報を掲載しています。

POINT 2　略歴には前職のキャリアや展望も記載

略歴、実績、展望を掲載しています。会社の歴史が浅い場合、前職のキャリアや実績を掲載することで、信頼を高めることができます。今後の展望を入れることで、将来性のある会社と判断してもらうことを狙っています。

POINT 3　著書の掲載

著書は、社長の考えを知ってもらうための有益な情報源になります。出版経験がある場合には、載せておきましょう。

事例 2 ● ブログやSNSで使う場合

パーソナルデータ

【仕事について】
2007年より経営コンサルタントとして独立。
地元の商店街活性化をメインの事業とし、小さなお店の業績アップや事業の再生、コラボレーションの企画などの活動を行っています。2010年より行政の委託事業である「中小企業支援サポート事業」のアンバサダーに就任。全国各地の商工会で講演やセミナーを開催し、のべ500人に事業再生のアドバイスをし、現在も継続中。

● ホームページ　http://www.homepagehomehome.com
● ブログ　http://ameblo.jp/homepagenomehome

【好きなこと】
● カレーライスの食べ歩き
● 映画鑑賞（洋画、邦画など）
● 海外旅行（ヨーロッパ、ロシアなど）

【特技】
● 楽器演奏（ベース）
● 作曲
● 趣味のブログ　http://www.syuminoburogudesujp

Facebookのプロフィール欄（基本情報）に掲載するためのプロフィール文という設定です。「コミュニケーションに特化したツールである」ことを考慮し、仕事とプライベート情報の両方を掲載しています。閲覧者は、仕事関係者7割、友人3割と想定しています。

POINT 1 仕事に関する基本情報を掲載

仕事についての紹介文です。活動内容や取り組んでいることをメインに載せています。ホームページやブログがある場合は、リンクを貼っておきましょう。

POINT 2 狙いは「共感」

「好きなこと」以下は、プライベートな情報です。共感されやすいものをピックアップして掲載しました。

POINT 3 本業とギャップがある特技をあえて掲載

「特技」の欄は、Facebookのニュースフィードにバンド活動のことも投稿しているため、本業とギャップがあるものをあえて載せています。

事例3 スタッフ紹介の場合

美容室やサロンのスタッフ紹介ページを想定しています。接客業なので、スタッフのプロフィールも少し柔らかい雰囲気にしています。趣味やプライベートの情報を載せることで、顧客との距離を縮め、話のきっかけ作りにする狙いがあります。

POINT 1　名前と基本情報を掲載

名前、役職、出身地などの基本情報を掲載しています。

POINT 2　話のきっかけ作りになる内容を

趣味の項目は、顧客との話のきっかけになりやすいので掲載しています。好きな食べ物や音楽、映画などを入れておきましょう。

POINT 3　技術やスキルの特徴を掲載

親しみやすいメッセージの中にも、得意なスタイリングを掲載することで、各スタッフの特徴を伝えています。

COLUMN

文字数別に書いてみよう

Webに掲載する文章を書く上で、文字数についてはあまり気にしないケースが多いと思います。しかし、依頼を受けてコラムを執筆する、あるいはメディアに取り上げてもらう場合など、「〜〜文字以内でプロフィールを送ってください」と言われることがよくあります。その際、ほとんどの場合に、この章で紹介した例文よりも短いプロフィール文を提出することになります。ここでは、文字数が少ない場合にプロフィール文を短くするためのコツを解説します。次の3ステップに沿って作成してみましょう。

❶基本型をもとに、情報の取捨選択を行う
基本の型（P121の回答例）をもとに、「これだけははずせない」「この部分は重要」という箇所に印をつけていきます。できれば、印刷してチェックしていくことをおすすめします。

❷紙に手書きで書いてみる
一口に100文字、200文字と言われても、普段文字数を意識して書いていない場合、どのくらいの分量なのか予測するのが難しいこともあるでしょう。付録に記入用ワークシートを用意しましたので、手書きで書き込み、文字数の感覚をつかんでみてください。

❸パソコンで入力し調整しましょう
❷が終わったら、手書きで書いた内容をワープロソフトなどで入力してみてください。文字数を数える機能がついていますので、確認し、修正があれば手直しを加えます。

その結果、以下のような文章になりました。200文字でまとめるため、略歴、理由の部分を短縮し、実績やサービス内容をコンパクトにしました。資格は、代表的なものを一つだけ掲載しています。

亜露間　咲子（あろま さきこ）／アロマサロン「Aloma Aloma」店長
1976年 岐阜県生まれ
大学卒業後、一般企業に会社員として就職。10年間勤務する中、体調を崩したことがきっかけでアロマの道へ。イギリスで本格的に修行をした後、2年間のサロン勤務を経て2010年に独立。 年間300名の来客店に成長した。オリジナルブレンドの販売にも力を入れており、自宅でも簡単に健康作りができる環境をサポート。メディカル日本アロマテラピー強化協会公認 エキスパート講師として、セミナーや講演活動にも従事している。

CHAPTER

7

実践編⑤

ブログ記事を書こう

CHAPTER 7のお題

第7章では、「ブログの書き方」を学びましょう。「ブログ」と聞くと「日記のようなもの」を思い浮かべる人もいるかもしれません。確かにブログで個人的な日記を綴ることもできますが、「ビジネスを目的としたブログ」を想定して進めます。

例えば不動産業であれば、「失敗しない物件の選び方」や「おすすめの沿線や駅」「不動産屋が教える物件情報の詳しい見方」といった、専門的な内容発信だったり、スタッフブログのように、お店の様子がリアルタイムにわかるものであったり、企業からのお知らせやプレリリースであったりと、そのテーマも多岐にわたります。
ここでは、セミナーやイベントの告知文を作成するというテーマを取り上げて、解説しています。開催するイベントやセミナーに**「あまり費用をかけずに集客したい」**という場合、ブログに掲載する告知文の書き方や構成の仕方が、重要な鍵となります。
1ページの中で**イベントやセミナーの概要が把握でき、過不足なく情報を伝える**ことが、告知文（告知ページ）のもっとも大きな役割です。また、「概要」を作成する際に「5W2H」という考え方に沿って組み立てていくと、情報の洩れが少なくなります。
しっかりポイントを押さえて、集客に結びつく告知文を作ってみましょう。

本章では、以下の手順で解説を進めていきます。

1. セミナーの日時や概要、必要情報を書き出す

2. 「型」を参考に、項目ごとに分類する

3. 文章や表形式にまとめる

CHAPTER 7

ブログ記事を書こう

▶ ブログを書くときに気をつけたい4つのポイント

現在、日本にはブログの利用者が 2500 万人以上いると言われています。会社や店舗でも、すでにブログを導入しているという人は多いでしょう。せっかくブログを書くのであれば、きちんと読んでもらえて、かつ閲覧者に「役に立った」と思ってもらえる内容を発信したいものです。この章では、目的に合わせたブログの書き方と、閲覧者にとって意味のある記事にするためのポイントを解説します。以下に、ブログを書くときに気をつけたい 4 つのポイントをご紹介します。

❶ 目的とテーマを決める

ブログを始めるときに、あらかじめ全体のテーマと目的を決めておきましょう。プライベートなことを書くのか、仕事の内容を中心に書くのか、あるいはイベントなどの集客に結びつける目的で利用するのかで、書き方が変わってきます。

❷「誰が読むのか？」を明確にする

❶で決めたテーマをもとに記事を書いて行く際、誰に向けて書くかを明確にすると書きやすくなります。例えば、インテリアがテーマのブログであれば「今日の記事は、北欧製のオシャレなソファを探している一人暮らしの 20 代後半の女性に向けて書く」というように、具体的に頭に思い浮かべます。こうすることによって、「女性の一人暮らしだから、部屋は広くないはず→コンパクトでスペースを取らないソファを紹介しよう」といったように、閲覧者の状況を想像でき、見る人にとって役に立つ記事が書けるようになります。

❸ 5W2H を意識する

特に、イベントのレポートやセミナーへの集客記事などを書く際には、5W2H を意識しましょう。その 1 記事だけで、概要が把握できるのが理想です。

❹ 記事のタイトルは重要

ブログを使ってアクセスを集めたい場合、タイトルの書き方は非常に重要です。書き方一つで、閲覧数が数倍になったりすることもあります。この章の最後で、記事タイトルのつけ方についても解説していますので、参考にしてください。

▶ ブログのテーマの絞り方

ブログ記事を書く際、最初に考えなければならないのが「ブログのテーマ」です。ここでは代表的なブログのテーマを3つご紹介します。これらのうち、どれをテーマに記事を書くのか、考えてみましょう。なお、❶と❷は組み合わせて運用することが多いです。

❶「専門性の高さ」を伝える

ビジネス目的でブログを書く場合、その会社や事業内容ならではの「専門性の高さ」を伝える記事を書くようにしましょう。行政書士であれば「会社設立について」「契約書作成の方法」「税制の変更に関する情報」など、専門家に求められる記事を掲載していきましょう。

このとき、体験談を交える、気をつけたいポイントが入っている、実際に顧客にアドバイスした内容が入っている、などの情報を盛り込むとより効果的です。「この人に仕事をお願いしたい」と思ってもらえるような書き方を意識しましょう。

❷「即効性」を重視する

「キャンペーンを開催したい」「セミナーやイベントに来てほしい」「メルマガの読者を集めたい」など、閲覧者からのスピーディーなアクションがほしい場合は、「即効性」を重視した記事の書き方を行います。いつもは❶や❸をテーマにしたブログだったとしても、集客が必要な状況が発生した場合の参考になると思いますので、ポイントを押さえておきましょう。

❸ 日常や趣味を伝える

仕事に直接関わらない、日常や趣味をテーマとすることも有効です。記事作成者の人となりや、会社やお店の雰囲気を伝えることができます。また、近所の美味しいイタリアンのお店を紹介するなど、読んだ人の役に立つ内容にすることもできます。

（例題①）セミナーの告知記事を書いてみよう

「話し方トレーニング」の
セミナー告知記事を書いてみよう

ここでは、ブログに掲載する「話し方トレーニング」のセミナー告知記事を作ってみます。以下のようなセミナーを想定し、告知記事を書いてみましょう。

セミナー内容の詳細：

- ☑ 話し方セミナーを開催
- ☑ 2015年00月00日　19時〜開催
- ☑ 会場は、都内のセミナールーム
- ☑ 定員20名、料金は5,400円（当日徴収）
- ☑ 話すのが苦手、人前で緊張してしまう、滑舌が悪いなど、話し方に課題を持っている人が対象
- ☑ 講師は、もともと人見知りで話下手だった
- ☑ ブライダルスクールへ通うようになって、人前で話すことが苦手ではなくなった
- ☑ その経験から、話し方セミナーを開始
- ☑ メンタル面から解明していく独自の手法
- ☑ 座学、実践をバランスよく取り入れた内容
- ☑ 楽しい・リラックスできる
- ☑ 仲間ができる
- ☑ 持ち物は、筆記用具とハンドタオル
- ☑ 申込み方法はメール

▶ セミナー告知記事を書くための流れ

前ページの内容に対し、以下のような流れに沿ってセミナー告知文を組み立てていきます。

1 セミナーの詳細を5つの項目に分類する

箇条書きで思いつくまま書き出しておいた内容をもとに、下記A〜Eの5つの項目に分類します。特にEの項目は、「5W2H」を意識しながら書き出しましょう（5W2Hの詳細はP36参照）。

- A どんな人に向けたセミナーか
- B どんな効果が期待できるか
- C セミナーの特徴
- D 講師のプロフィール
- E セミナー概要（日時・場所など）

2 文章や表の形にまとめる

A〜Eで分類した内容をもとに、文章化していきます。下記の❶〜❺の構成に当てはめて書いていきましょう。

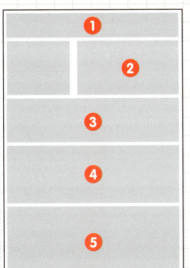

❶セミナータイトル
誰に対して、どのような効果があるかがわかるようなタイトルをつけます。AとBの項目から抜き出して組み立てます。

❷セミナー説明文
❶のタイトルの内容を、詳しく説明した文章です。BとCの項目を反映させます。

❸講師のプロフィール
　Dの内容を反映させます。

❹セミナー内容
セミナーの内容を、客観的な情報として説明します。Cの内容を反映させます。

❺セミナー概要
セミナーの詳細をまとめます。Eの内容を反映させ、必要に応じて表組みを使います。また、地図・住所として、「場所」に関する項目を反映させます。

STEP 1 分析 セミナー内容を分析する

P136の情報を参考にしながら、要点を箇条書きで書き出してみましょう。

A どんな人に向けたセミナーか

- 話すのが苦手な人　・人前で緊張してしまう人　・滑舌がよくない人
- 話し方に対して何らかの悩みを持っている人

B どんな効果が期待できるか

- 人前で緊張しなくなる　　　　・人前で話すのが楽しくなる
- 自信を持って話ができるようになる　・好感度が上がる

C セミナーの特徴

- メンタル面から解明していく
- 座学と実践の2部制（前半：声の出し方などの基本、後半：実践トレーニング）
- 楽しい雰囲気のセミナー、リラックスできる　・仲間と悩みを共有できる

D 講師のプロフィール

- 名前、出身地　・ブライダル司会歴15年
- 大学卒業後、ブライダルスクールへ
- 2012年から話し方のセミナーを開始　・のべ200名の受講生

E セミナー概要（日時・場所など）

- 2015年00月00日（木）19時〜21時　・自社で主催
- 受講料は税込みで5,400円、当日徴収　定員は20名
- ××××セミナールーム
- 〒000-0000　東京都千代田区中央1234-56　△△ビル7F　TEL：03-000-0000
- 持ち物は筆記用具とハンドタオル
- 申込み方法はメール（申込みフォームへリンクを貼る）

| 実践編❶ | 実践編❷ | 実践編❸ | 実践編❹ | 実践編❺ |

STEP 2 文章化 〉文章にまとめる

前ページで分析した箇条書きを文章にまとめると、次のようになります。文章の組み立て方法については、P38も参考にしてください。

❶ セミナータイトル

> 人前で話すのが苦手な方のための好感度が上がるトレーニングセミナー

（「Aどんな人に」「Bどんな効果」を組み合わせてタイトルにします。）

❷ セミナー説明文

> 「人前で話す機会はあるけれど、どうも苦手で…」「声がぼそぼそしていて聞き取りにくいと言われてしまう」等、話し方に自信を持てずに悩んでいる人は少なくありません。本セミナーでは、人前でうまく話せないメンタル部分のメカニズムを解明し、人前でもリラックスしながら気持ちよい状態で話せるためのトレーニングを行います。人との間合いやコミュニケーションの取り方もレッスンしますので、セミナー終了後は人前で話すのが楽しくなるはずです…

（ここは「Bどんな効果」「Cセミナーの特徴」を組み合わせて文章にします。）

❸ 講師のプロフィール

> 大学卒業後、司会者をめざしブライダルスクールへ。念願だった結婚式の司会者に従事し15年目。人前で話す楽しさや喜びをもっとたくさんの人に広めたいと2012年より、「話し方」のセミナーをスタート。のべ200名の受講生からは「人前で話す怖くなくなった！」「滑舌がよくなった！」と喜ばれている。

（Dの情報をもとに、講師のプロフィールを100〜150文字程度にまとめます。）

❹ セミナー内容

> 第1部：人前で話すときの基本
> 第2部：実践トレーニング

（Cの内容をもとに、セミナーの内容を書きます。）

❺ セミナー概要

日時	2015年00月00日（木） 19時〜21時（受付18時30分）
場所	〒000-0000　東京都千代田区中央1234-56　△△ビル7F「×××セミナールーム」TEL：03-000-0000
受講料	5,400円（税込）　※当日会場で
定員	20名
持ち物	筆記用具、ハンドタオル（小さいもので構いません）
申込み	フォームからお申込みください。http://xxxxxxxxxxxx.com
主催	××××××株式会社

（表組みにすると見やすくなります。Eで書き出した内容をもとにまとめましょう。）

STEP 3 完成 「話し方トレーニング」セミナーの告知記事

▶ 完成ページの例

分析した内容を文章にまとめた結果、次のようなページが完成しました。

人前で話すのが苦手な方のための「好感度が上がるトレーニングセミナー」を開催します！

2016年4月15日　カテゴリー：セミナー情報 ①

「人前で話す機会はあるけれど、どうも苦手で・・・」「声がぼそぼそしていて聞き取りにくいと言われてしまう」等、話し方に自信を持てずに悩んでいる人は少なくありません。

本セミナーでは、人前でうまく話せないメンタル部分のメカニズムを解明し、人前でもリラックスしながら気持ち良い状態で話せるためのトレーニングを行います。人との間合いやコミュニケーションの取り方もレッスンしますので、セミナー終了後は**人前で話すのが楽しくなるはず**です。 ②

【講師プロフィール】
安西 実咲　1972年 福岡県生まれ　http://www.abcdefghijkxyz.com
大学卒業後、司会者をめざしブライダルスクールへ。念願だった結婚式の司会者に従事し15年目。人前で話す楽しさや喜びをもっとたくさんの人に広めたいと2012年より、「話し方」のセミナーをスタート。のべ200名の受講生からは「人前で話すの怖くなくなった！」「滑舌がよくなった！」と喜ばれている。 ③

【セミナー内容】
第1部：緊張のメカニズム解明と人前で話すときの基本
第2部：実践！心をつかむ話し方トレーニング ④

【このような方におすすめです】
・人前で話すのが苦手な方
・話が聞き取りにくく、よく聞き返されてしまう方
・一生懸命話ているのに伝わらない方 ⑤

【セミナー概要】
人前で話すのが苦手という方のための好感度が上がるレーニングセミナー

日時	2016年10月5日(木)　19時～21時 (受付 18時30分)
受講料	5,400円（税込）　※当日受付でお支払
定員	20名
持ち物	筆記用具、ハンドタオル(小さいもので構いません) ※パソコンは不要
申込み	フォームからお申込みください。http://www.abcdefghijkxyz.com/form
主催	株式会社ボイスレッスン

⑥

セミナー会場：
ボイスレッスンセミナールーム
〒123-4567　東京都千代田区中央1234-56　BTBビル7F
TEL：03-1234-5678

【交通・アクセス】
・地下鉄 有蔵門線 七八段下駅 徒歩5分
・JR 七八段駅　徒歩7分
※駐車場はありません。近隣のコインパークをご利用ください。 ⑦

STEP 4 解説　例文解説

▶ 例文のポイント

ビジネスのブログを運営する上で、セミナーやイベントの告知をおこなうケースがあるという人も多いでしょう。「集客する」という大前提がある告知文の書き方について、悩む人は少なくありません。左の例文は、P139でまとめた文章をもとに、さらに情報を加え、ブラッシュアップしたものになります。

❶ セミナータイトル

「Who（誰が）」＝人前で話すのが苦手な方、「What（何を）」＝トレーニングセミナー、「How（どうする）」＝開催、で構成されています。「どんな人に対するセミナーなのか」というのは重要な部分ですので、この型は一つ覚えておくとよいでしょう。

❷ セミナー説明文

次の説明エリアにスムーズにつなげるための導入文です。ここはタイトルの「Who（誰）」をさらに詳しくする内容になっています。より対象者が明確になり、興味を持ってもらいやすくなります。

❸ セミナー内容

セミナーの内容を説明している部分です。基本は「What（何を）」「How（どうする）」で構成されています。

❹ 講師のプロフィール

「Who（誰が）」の部分を詳しく説明しています。もっとよく知りたい場合を想定し、講師のホームページへリンクを貼っています。

❺ 対象者

❹では、「Who（誰が）」＝講師でしたが、この項目では「Who（誰が）」＝受講生になっています。

❻ セミナー概要

前頁でも説明したように、5W2H に照らし合わせ、抜けの情報がないようチェックしてみてください。

❼ 地図・アクセス

地図と会場名、住所を併記したかったので、あえて❻の項目ではないエリアに情報を入れました。「Where（どこで）」の項目に該当します。

セミナーのタイトルや説明文も非常に大切なポイントではありますが、意外と見落としがちで、かつ重要な部分が**「セミナー概要」**です。情報が抜けていて別のページへ行かないとわからなかったり、地図があっても住所が掲載されていない、ビル名の記載がないなど、この記事だけ見てもセミナー会場までたどり着かなかったケースなども見受けられます。ほんの1、2行のことなのですが、情報の「抜け」がないよう 5W2H に当てはめて考えてみましょう。

When（いつ）	開催日時。受付開始時刻も忘れずに
Where（どこで）	会場の郵便番号、住所、ビル名、室名、地図、電話番号
Who（誰が）	主催者、定員数、講師名・プロフィール
What（何を）	持ち物や注意点があれば記載
How（どうする）	申込み方法の明記
Why（なぜ）	この項目はなくても可
How much	セミナー料金、支払方法（事前か当日かなど）

5W2Hの考え方はとても重要！
セミナーやイベント告知には必須のポイント

さまざまな目的の告知文がありますが、この章では特にビジネスシーンで登場することが多い、セミナー告知文にフォーカスして書き方を解説しました。集客に直結するだけでなく、開催当日の運営にも関わる内容も含まれていますので、5W2Hを意識しながら組み立ててみてください。

Webサイトを見ていると、セミナーやイベント告知のページを見かけることがよくあるので、このテーマを取り上げてみたけど、どう？

先生、セミナーの告知文は会社でよく書くのですが、実は5W2Hを意識して書いたことがありませんでした…！

あら、そうだったのね。セミナーの告知をしたときに、参加予定者から問い合わせが来たりしなかった？

お見通しですね…。「地図はどこですか？」や「会場の電話番号を教えてください」「持ち物は何ですか？」など、ちょくちょくお問い合わせがありました。急いで書くことも多く、うっかり抜けてしまうんですよね。

今回解説した「5W2H」の考え方と、告知文の型を覚えておけば、情報の洩れは減らせると思うわ。

はい、今度は確認ポイントがはっきりしたので、次からはお問い合わせを減らせそうな気がします。

どの情報も大事だけれど、特に地図とアクセス情報を詳しく書いておくと、開催当日のスムーズな運営にもつながるので、その辺りもしっかり記載してね。

よし！ 次回からは、誰が見てもわかりやすい内容にするぞ！

(例題②) 専門性が伝わるブログ記事を書いてみよう

専門性が伝わるブログ記事を書いてみよう

次に、「行政書士事務所」を題材として、「専門性が伝わるブログ記事」の例文をご紹介します。

SHIKAMA OFFICE NEWS & TOPIC

平成28年(2016年)1月1日から相続税が改正になります。 ①

2016年9月28日(火)　カテゴリ：税金改正,相続税,役立ち情報

平成27年（2015年）1月1日から相続税が改正になります。
最も大きな改正点が、基礎控除額（非課税枠）の引き下げです。 ②

今までは、**5000万円＋（1000万円×法定相続人の数）**でしたが、改正後は、**3000万円＋（600万円×法定相続人の数）**と大幅に引き下げられます。また、税率も最高50％から55％になります。同時に税率の構造も改正されますので、区分ごとの税率・控除額ともに変更に。課税対象者が拡大しますので、「**相続税は、一部の人だけが払う税金**」とも言ってられなくなりそうです。

こう書くとデメリットばかりが強調されてしまいますが、一方でメリットもあります。
小規模宅地等の特例が拡大されました。
今までは、居住用の土地については240㎡以下は評価が80％減額されていましたが、**改正後は330㎡まで拡大されます。**また、居住用と事業用の宅地等を選択する場合の合計面積が730㎡まで適用可能となりました。 ③

今までは相続税の課税の対象にならなかった方も、今回の改正により、影響を受ける方が多く出て来ることが予想されます。また、2次相続、3次相続となると、配偶者の軽減が使えないため負担が増加します。財産を事前に把握しておきましょう。

詳しくは、財務省のホームページでご確認ください。
http://www.mof.go.jp/tax_policy/summary/property/144.htm ④

相続・贈与などで心配ごとがありましたら、志鎌総合サービス行政書士事務所までご連絡を！ ⑤

実践編❶ 実践編❷ 実践編❸ 実践編❹ **実践編❺**

▶ 例文解説　専門性が伝わるブログの場合

ここでは「行政書士事務所」のスタッフが書くブログを想定しているため、文は少し硬めになっています。ただ、硬くなりすぎないように語尾は「ですます調」にしました。なお、この文例には、「Why(なぜ)」は登場しませんが、問題ありません。

専門性が伝わる記事のテーマ例：

・税理士…「決算」「確定申告」「相続」「会社設立」「法律・制度改正情報」など
・整体院…「症状ごとの改善方法」「痛みを和らげる方法」「保険」など
・サロン…「他店にはない強み」「こだわり」「ビフォーアフター」など
・コンサルタント…「経営」「人事」「財務」「IT」「資金調達」「地域活性化」など
・教室…「指導方針」「受講生の成長」「講師の作品・技術解説」など

❶ 記事のタイトル＋日付

「When（いつ）」＝平成27年（2015年）1月1日、「What（何が）」＝相続税が、「How（どうなる）」＝改正になる、の情報を含んでいます。年代は和歴、西暦の両方を掲載しておくと親切です。

❷ 導入

ここは、タイトルを補足するエリアになります。再度掲出することにより、次に登場するエリアへのつながりがスムーズになります。

❸ 本文

相続税改正に関する詳細を説明した文章です。「What（何が）」と「How（どうなる）」の中に、「How much（税制の基準金額）」が含まれています。「課税対象者が拡大しますので、〜」の文章は、「Who（誰に）」に該当します。

❹ 引用

情報の出所がはっきりしているものに関しては、情報提供先を明記し、リンクを貼っておきましょう。「Where（どこ）」に該当する部分です。

❺ 最後の一押し

ビジネス目的のブログでは、仕事へつなげるという最終目的があります。最後に連絡先や、取ってほしいアクションを入れておくとよいでしょう。

CHAPTER 7 実践編❺ ブログ記事を書こう

ブログ

実践編❺ ブログ記事を書こう　145

(例題③) キャンペーンの告知記事を書いてみよう

ネイルサロンのキャンペーン記事を書いてみよう

最後に、「ネイルサロン」を題材として、「キャンペーンの告知を行うブログ記事」の例文をご紹介します。

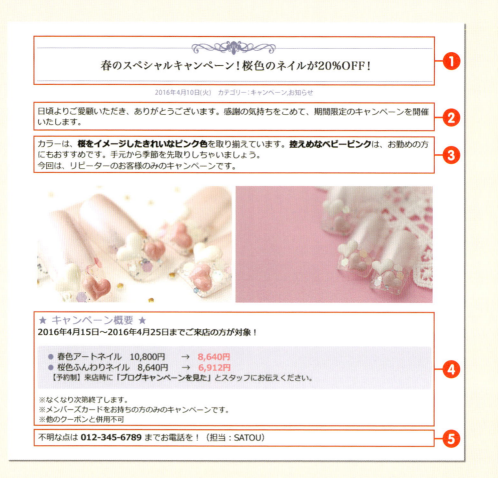

▶ 例文解説　キャンペーンの告知ブログを書いてみよう

集客を目的とするブログ記事として、ネイルサロンのキャンペーンを例にした告知文の記事を紹介します。例文では、しばらく来店がなかった顧客の来店率アップを狙ったキャンペーンを想定しています。新規来店者向けのキャンペーン告知文にも、そのまま応用できますので、1つの型として覚えておくとよいでしょう。

例文を応用できるケース：
・新規来店者数アップのキャンペーン　　・メルマガ会員募集
・プレゼント企画　　　　　　　　　　　・リピート企画　　など

❶ 記事のタイトル＋日付

「What（何が）」＝桜色のネイルが、「How（どうなる）」＝20% OFF、を伝えています。「キャンペーン」とつけることで、「お得な情報がある」ことがわかります。

❷ 導入

キャンペーン内容を説明する前の導入部分です。「Why（なぜ）」＝感謝の気持ちを込めて、を含んでいるのが、大きな特徴です。どんなにお得な内容でも、根拠がないものには、不審感を持たれる場合があります。「理由」を入れることで、説得力が増します。

❸ 本文

「What（何を）」「How（どうする・どうなる）」に加え、「Who（誰に）」＝リピーターのお客様のみ、と対象者を限定しています。「〜〜な方だけ」「会員限定」は、特別感を出す効果があります。

❹ キャンペーンの概要

「When（いつ）」＝キャンペーン期間、「Who（誰が）」＝来店の方、「How much（料金）」＝各ネイルの料金、「How（どうする）」＝来店時に「ブログキャンペーンを見た」とスタッフに…のように、5W2Hの重要要素が含まれます。内容に抜けがないようにしましょう。告知文の中で、一番大切な情報です。

❺ 連絡先

このブログ記事の一番の目的は「顧客に来店してもらう」ですが、詳しく話を聞いてみたいという人に行動を起こしてもらうために、連絡先を掲載しました。「What（何を）」「How（どうする）」のほか、「Who（誰）」＝担当者　を明記しています。

COLUMN

ブログ記事のタイトルは
一目で内容がわかるものを

ブログを読んでもらう上で、もっとも重要な要素の一つが「タイトルの書き方」です。タイトルの書き方一つで、読む、読まないを判断されてしまいます。せっかく書くのであれば、一人でも多くの人に読んでもらいたいですよね。次のタイトルを見て、記事の内容を想像できますか？

例：今日のイベント

イベントについて書いているということは推測できますが、どんなイベントなのか、場所はどこか等、まったくわかりません。訪問した人は何の内容かわからず、読まずにスルーされてしまう可能性が高いでしょう。それでは、次のようなタイトルは、いかがでしょうか。

例：東京メッセで開催された「フードフェスタ 2015」イベントレポート

これなら、「フードフェスタ 2015」というイベントに興味がある人であれば読んでもらえそうです。このように「どこで」「何を」という要素が入っているだけで、グッと伝わりやすくなります。内容が一目でわかるタイトルは、非常に重要です。

また、数字を入れるのも有効です。以下のようなタイトルはいかがでしょうか？

例：知らないと損する！業務を効率化するおすすめの iPhone アプリ 5 選

役に立ちそうな情報があることに加え、「5 つ」のアプリについて説明があるということがわかるので、時間がない時でもパッと読めそうな気がしますよね。
このようなタイトルは、読んでもらいやすくなることに加え、Facebook や Twitter などでシェアされやすくなります。多くの人の目にとまる確率も高くなりますので、ブログの記事を書く時は、工夫してみてください。

そのほか、「失敗しない」「成功する」「劇的に変わる」など、読むことで悩みの解決、現状の改善につながるもの、あるいは「～なあなたへ贈る」「プログラマ必見」のように、読み手を絞り込むのもコツです。

CHAPTER

SEO編①

SEOを意識してWeb文章を書こう

CHAPTER 8 SECTION 1

Webの文章を書く上でSEOはなぜ重要なのか？

▶ SEOとは検索結果に上位表示させる施策のこと

Webサイトを運営する上でよく耳にする「**SEO**（エス・イー・オー）」という言葉は、「Search Engine Optimization（サーチ　エンジン　オプティマイゼイション）」の略で、「**検索エンジン最適化**」などと訳されます。例えば、三軒茶屋でカフェを探している人が、GoogleやYahooで「三軒茶屋　カフェ」などと検索したとします。このとき、何らかの方法で自店舗のWebサイトを上位に表示させることができれば、Webサイトへのアクセスが増えると予測できます[1]。閲覧者がWebサイトを訪れるルートとして、GoogleやYahoo!といった検索エンジンは非常に重要です。SEOとは、自分のWebサイトを**検索結果の上位に表示させる**ために行う、さまざまな施策のことなのです。

※1　さまざまな要素が複合的に絡み合った結果が検索順位に反映されるため、上位表示が難しいケースもあります。また上位表示できたとしても、成果につながらない場合もあります。

▶ SEOを意識したWeb文章の書き方

Googleで実際に「三軒茶屋　カフェ」で検索すると、検索結果として1,870,000件のページが表示されます。すべてが競合とは限りませんが、この数字から「三軒茶屋　カフェ」で上位表示させるのは難しいことが予想されます。一方、検索結果の件数が少なく、競合が少ないと考えられる場合は、上位表示させるのが比較的簡単と考えることができます。

このように、**検索に使われるキーワード**ごとに競合の多い少ないは変わってきます。例えば「三軒茶屋　カフェ」での上位表示が難しい場合でも、「三軒茶屋　カフェ　個室」というキーワードで上位表示ができれば、「三軒茶屋のカフェで個室付きのお店を探している人」に、自店舗の情報を届けることができそうです。2語で上位表示が難しくても、3語であればうまく行くこともあります。キーワードを意識しながら書いてみましょう。

本章では、下記の流れで検索エンジン対策を進めるコツを解説していきます。

❶ キーワードを選ぶ

SEOでもっとも重要なのは「キーワードの選び方」です。なぜキーワード選びが重要なのかは、次ページ以降で解説します。

❷ コンテンツを考える

❶で選んだキーワードをもとに、Webページのコンテンツを考えます。一覧表にしておくと便利です。

❸ キーワードを意識して文章を書く

見出しや本文を書くときに、❶で選んだキーワードを意識しながら書きましょう。

❹ タイトルタグやメタディスクリプションを設定する

❶で選んだキーワードや❷のコンテンツをもとに、ページのタイトルとディスクリプションを考えます。ここで設定した内容は、検索結果の画面に表示されます。タイトルタグとディスクリプションの詳細は、第9章で解説しています。

CHAPTER 8 SECTION 2

キーワードを選ぼう

▶ なぜキーワード選びから始めるのか？

SEOを意識した文章を書く上で、一番最初に行うのが「**キーワード選び**」です。想定している閲覧者が検索しそうなキーワードを、あらかじめ選定しておくのです。選んだキーワードを軸にして、各ページの内容を考えたり、タイトルやディスクリプションの作成に取り入れます。適切なキーワードを選んで閲覧者の訪問機会を増やし、最終的には「来店してもらう」「お問い合わせをしてもらう」「購入してもらう」といった目的を達成しやすくすることが狙いです。

検索するときに閲覧者が使用するキーワードは、1つとは限りません。検索結果を絞り込むために、**2語以上のキーワード**を組み合わせて検索するのが一般的になっています。例えば「三軒茶屋にあるカフェ」を検索する場合、下記のようなキーワードで検索するパターンが考えられるでしょう。

・三軒茶屋　カフェ
・三軒茶屋　カフェ　ランチ
・カフェ　三軒茶屋
・パスタ　ランチ　三軒茶屋　美味しい

また、お店の名前（ここでは「shikamacafe」）を入れて

・三軒茶屋　shikamacafe　地図

のように検索する場合もあるでしょう。この場合は、すでに行きたいお店が決まっているということになります。閲覧者の気持ちになって、いろいろなパターンを想定しておきましょう。

▶ キーワードの候補をピックアップしよう

それでは、実際にキーワードの候補をピックアップしてみましょう。まずは思いつくものをできるだけ多く書き出してみます。

> カフェ　三軒茶屋　ランチ　地図　行き方　メニュー　コーヒー　おしゃれ
> おすすめ　美味しい　予約方法 など

関連するキーワードが思い浮かばない場合は、ツールを使って調べることもできます。迷ったときは、以下のツールを利用して調べてみましょう。

❶ Google の検索窓

Google で「三軒茶屋　カフェ」と入力すると、検索窓の下に、一緒に検索されることの多いキーワードが一覧表示されます。

❷ Goodkeyword (http://goodkeyword.net/)

キーワードを入れて検索すると、一緒に検索される語句の一覧を表示してくれるウェブツールです。無料で利用できます。

▶ ピックアップしたキーワードを振り分ける

関連するキーワードをピックアップしたら、どのページに何のキーワードを入れてコンテンツを作成するかを検討していきます。例えば三軒茶屋にあるカフェの Web サイトが、以下のようなページで構成されているとします。

🅐 メニュー
🅑 お店について
🅒 プロフィール
🅓 地図・アクセス
🅔 お問い合わせ

次のように、各ページに使用するキーワード候補を並べていきます。

🅐 メニュー

パスタ　オムライス　カレー　タコライス　ランチ　日替わり　コーヒー
ハーブティー　カフェラテ　ラテアート　チーズケーキ　シフォンケーキ

🅑 お店について

三軒茶屋　カフェ　個室　予約　営業時間　電話番号　定休日　店名　など

🅒 プロフィール

志鎌太郎　shikamacafe　プロフィール

🅓 地図・アクセス

三軒茶屋　世田谷区三軒茶屋 0-0-0　カフェ　地図　店名

🅔 お問い合わせ

shikamacafe　予約方法　お問い合わせ　連絡先

▶ 表形式にまとめる

ページごとに割り振ったキーワードは、表としてまとめておくと便利です。

ページ名	キーワード
メニュー	パスタ　オムライス　カレー　タコライス　ランチ　日替わり　コーヒー　ハーブティー　カフェラテ　ラテアート　チーズケーキ　シフォンケーキ
お店について	三軒茶屋　カフェ　個室　予約　営業時間　定休日　店名　wifi　電源　ランチ　ケーキセット
プロフィール	志鎌太郎　shikamacafe　プロフィール
地図・アクセス	三軒茶屋　世田谷区三軒茶屋０−０−０　カフェ　地図　アクセス
お問い合わせ	shikamacafe　予約方法　お問い合わせ　連絡先

以下に、そのほかの業種の例を挙げておきます。

行政書士事務所の場合

ページ名	キーワード
事務所案内	渋谷　行政書士　事務所　宇田川町
サービス内容	渋谷　宇田川町　行政書士事務所　事務所名　会社設立　相続手続き　経理代行　会計業務　確定申告
スタッフ紹介	技評次郎　プロフィール　所長
地図・アクセス	GH行政書士事務所　アクセス　渋谷宇田川町０−０−０
お問い合わせ	GH行政書士事務所　お問い合わせ

ベビー用品を販売するネットショップの場合

ページ名	キーワード
商品A	ベビーカー　通販　軽量　おすすめ　ワンタッチ　振動　軽い　重さ　カラー　ベビー本舗（メーカー名）　かるがるベビーキャリー（商品名）　振動　UV対策　送料無料
商品B	ベビーベッド　おやすみベビー（メーカー名）　通販　おすすめ　大きさ　収納　ハイベッド　ローベッド　送料無料　添い寝
商品C	バウンサー　マミーヌ（メーカー名）　商品名　通販　おすすめ　送料無料

CHAPTER 8 SECTION 3

キーワードを意識して文章を書こう

▶ キーワードを意識した文章の組み立て方

Webページの文章は、大きく「見出し」と「本文」から構成されています。ここでは、P155で作成したリストをもとに、次のような流れで、Webページの「本文」を書いてみましょう。

❶ 書き出したキーワードを組み合わせて簡単なフレーズにする
❷ 作成したフレーズをもとに文章にする

まずはキーワードをつなげて「フレーズ」にし、さらにそれをつないで「文章」の形にします。次ページで実践してみましょう。

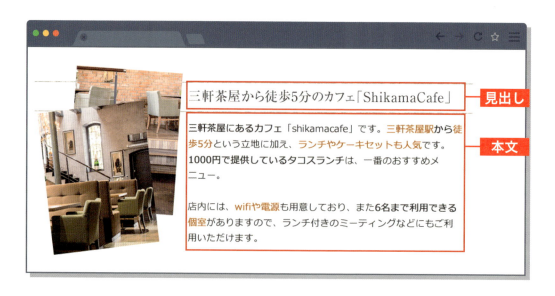

SEO編❶　SEO編❷

▶ キーワードを意識して「お店について」ページの文章を組み立てる

次の表は、P155 で書き出したキーワード設定表の一部です。「お店について」のページの文章を書くときに、これらのキーワードを入れて文章を組み立てていきます。

ページ名	キーワード
お店について	三軒茶屋　カフェ　個室　予約　営業時間　定休日　店名　wifi 電源　ランチ　ケーキセット

❶ 書き出したキーワードを組み合わせて簡単なフレーズにする

書き出したキーワードを使い、簡単なフレーズを作ります。下線部分が、書き出したキーワードになります。

A 店名・三軒茶屋・カフェを使用

> 三軒茶屋にあるカフェ「shikamacafe」

B wifi・電源を使用

> wifi や電源も用意

C ランチ・ケーキセットを使用

> ランチやケーキセットも人気

D 個室を使用

> 6 名まで利用できる個室があり

❷ 作成したフレーズをもとに文章にする

それぞれのフレーズを組み合わせて、文章にしていきます。下線部分が、**A**〜**D**のフレーズを使っている箇所になります。

> 三軒茶屋にあるカフェ「shikamacafe」です。三軒茶屋駅から徒歩 5 分という立地 **A** に加え、ランチやケーキセットも人気です。1000 円で提供しているタコスランチ **C** は、一番のおすすめメニュー。
> 店内には wifi や電源も用意しており、また 6 名まで利用できる個室がありますの **B** **D** で、ランチ付きのミーティングなどにもご利用いただけます。

8-3 キーワードを意識して文章を書こう　157

▶ キーワードを意識して「メニュー」ページの文章を組み立てる

同様の方法で、「メニュー」ページの文章も組み立ててみます。各ページの文章の冒頭部分に、キーワードを意識した文章を2～3行入れておくようにすると、SEOとして効果的です。「お店について」で使用した「三軒茶屋にあるカフェ『shikamacafe』」などのフレーズも、再度使用しています。なお、文章の流れが不自然になってしまうキーワードは、無理に使う必要はありません。

ページ名	キーワード
メニュー	パスタ　オムライス　カレー　タコライス　ランチ　日替わり　コーヒー　ハーブティー　カフェラテ　ラテアート　チーズケーキ　シフォンケーキ

❶ 書き出したキーワードを組み合わせて簡単なフレーズにする

パスタ・オムライス・ランチを使用

パスタやオムライスのランチをはじめ

タコライスを使用

当店自慢のタコライスをご用意

チーズケーキ・シフォンケーキを使用

チーズケーキとシフォンケーキが人気

❷ 作成したフレーズをもとに文章にする

三軒茶屋にあるカフェ「shikamacafe」では、パスタやオムライスのランチをはじめ、当店自慢のタコライスもご用意しております。ケーキセットでは、特に手作りのチーズケーキとシフォンケーキが人気で、売り切れ次第終了となります。

▶ 行政書士事務所「サービス内容」ページの例

以下は、行政書士事務所の「サービス内容」ページの文章作成例です。

ページ名	キーワード
サービス内容	渋谷　宇田川町　行政書士事務所　事務所名　会社設立　相続手続き　経理代行　会計業務　確定申告

渋谷の宇田川町にある行政書士事務所「GH 行政書士事務所」では、会社設立や相続手続きを始め、煩雑な経理業務の代行、会計業務、確定申告などさまざまなサービスを提供しています。お気軽にご相談ください。

▶ ベビー用品通販サイト「商品紹介」ページの例

以下は、ベビー用品通販サイトの「商品紹介」ページの文章作成例です。

ページ名	キーワード
商品 A	ベビーカー　通販　軽量　おすすめ　ワンタッチ　振動　軽い　重さ　カラー　ベビー本舗（メーカー名）　かるがるベビーキャリー（商品名）　振動　UV 対策　送料無料

ベビー用品の老舗メーカー「ベビー本舗」から新発売のベビーカー「かるがるベビーキャリー」は、とにかく軽いのが特徴です。重さは 5Kg 弱で、片手でワンタッチ開閉ができるのも人気の秘密。
UV 対策もバッチリで、軽いのに振動も少ない設計は、1000 人のママさん達からの声を反映させています。
当ショップがこの夏一番におすすめするベビーカーです。10 日までのご購入に限り、送料無料でお届けします。お申し込みは今すぐ！

なお、キーワードやフレーズは、順番を入れ替えて作成しても OK です。流れがよくなるまで、何パターンか作ってみるとよいでしょう。

CHAPTER 8 SECTION 4
キーワードを意識して見出しを作ろう

▶ キーワードを意識した見出しの書き方

前節では、Web ページの「本文」の書き方について解説しましたが、ここではキーワードを意識した「見出し」の書き方について解説します。ここで言う「見出し」とは、以下の画面のように Web ページ内の文章を区切る、短い文字列のことです。

ここでは下記のような「本文」に対して、見出しをつけてみましょう。本文内のキーワードを意識しながら、「❶立地」「❷メニュー」「❸設備」の3つにポイントに絞って、「短く、わかりやすいフレーズ」を「見出し」として抽出していきます。

▶ ポイントを変えて見出しを考える

❶〜❸のポイントに従って、複数の見出し案を考えてみました。これら候補の中から、最終的な見出しを決めるポイントは、「他店にないもの」や競合と比較した場合の「差別化できる部分」です。「違いを出す」という観点で、最終的な見出しを選びましょう。

❶ 立地にフォーカスしたパターン

説明文の冒頭とほぼ同じものになりますが、「どこの」「何のお店」なのかが、ストレートに伝わります。

> 三軒茶屋のカフェ「shikamacafe」へようこそ

> 三軒茶屋駅から徒歩5分のカフェ「shikamacafe」

❷ メニューにフォーカスしたパターン

人気のメニューを強調して伝える内容になっています。

> 「shikamacafe」では手作りのケーキセットが大人気！

> 「shikamacafe」では1000円のタコスランチが大好評！

❸ 設備にフォーカスしたパターン

カフェの設備を売りとする内容になっています。2つ目の見出しには、キーワードをあえて多めに入れています。読んで不自然にならない程度であれば、このような表現も可能です。

> 個室のあるカフェ！ランチ付きミーティングもOK

> wifiや電源もあり、個室も完備の三軒茶屋のカフェ

▶ 行政書士事務所「サービス内容」ページの例

以下は、行政書士事務所の「サービス内容」ページの見出し作成例です。

❶「立地」にフォーカスしたパターン

渋谷の宇田川町にある「GH行政書士事務所」では、さまざまなサービスを提供中

❷「具体的なサービス内容」にフォーカスしたパターン

「GH行政書士事務所」では、会社設立や相続手続きなどをサポートします

経理代行や会計業務、確定申告は「GH行政書士事務所」にお任せください

▶ ベビー用品通販サイト「商品紹介」ページの例

以下は、ベビー用品通販サイトの「商品紹介」ページの見出し作成例です。

❶「機能」にフォーカスしたパターン

5Kgを切る軽さが魅力!ワンタッチ開閉ができる「かるがるベビーキャリー」

❷「おすすめ」「人気度」にフォーカスしたパターン

新米ママに大人気の「かるがるベビーキャリー」は店長のイチオシ商品です!

❸「お得感」にフォーカスしたパターン

送料無料で提供中!軽さで人気の「かるがるベビーキャリー」

CHAPTER

9

SEO 編②

タイトルタグとディスクリプションを書こう

CHAPTER 9 SECTION 1
タイトルタグとディスクリプションの役割を知ろう

▶ 見えない部分の重要性

前章では、SEOを意識して本文と見出しを書く方法について解説しました。そして、SEOを語る上で本文とともに重要なのが、「**タイトル**」（title）と「**ディスクリプション**」（description）です。いずれも、Webページ上には表示されない要素ですから、本来のWebライティングとは関係がないと思われるかもしれません。しかし、この2つの部分に手を加えることで、検索エンジンや閲覧者に対する効果を期待できるのです。また、タイトルタグやディスクリプションをきちんと設計することで、それぞれのページのテーマが明確になります。これを機会に、書き方のコツをぜひ覚えてください。

▶ タイトルタグとは

「タイトルタグ」と聞くと、Webページの先頭部分に入れることの多い、ヘッダー画像のタイトルを想像する人も多いかもしれません。しかしここで解説する「タイトルタグ」は、ヘッダー画像に入れるタイトルではなく、Webサイトを開いたときに、インターネットを閲覧するブラウザの左上に表示される文字列のことです。また、この文字列はGoogleなどの検索結果の一覧にも表示されます。

▶ ディスクリプションとは

「ディスクリプション」は、ページの内容を検索エンジンに簡潔に伝えるための「Web
サイトの紹介文」です。全角 100 〜 120 文字程度で記述します。Google などの検索結
果の一覧に表示され、閲覧者がそのページに移動するかどうかを決める大きな決め手と
なります。ブラウザで Web サイトを表示した状態で右クリックし、「ページのソース
を表示」を選択すると、以下のように表示されます。

```
<link rel="preconnect" href="https://www.google-analytics.com"
crossorigin="anonymous"/>
<meta http-equiv="X-UA-Compatible" content="IE=edge"/>
<meta name="description" content="三軒茶屋から徒歩3分のカフェです。おすす
めは1000円のタコスランチで、当店一番の人気です。電源やWifi、6席までの個室
も完備！"/>
```

下の画面は、Google で「三軒茶屋　カフェ」で検索したときの結果画面の抜粋です。
タイトルタグとディスクリプションが表示されていることがわかります。このように、
タイトルタグとディスクリプションは Google などの検索エンジンに対するメッセージ
として有効な働きをしています。また、検索結果画面を見た閲覧者がそのページに移動
するかどうかを決める基準にもなっています。

タイトルタグとディスクリプションを適切な方法で作成することで、SEO 対策はもちろ
ん、閲覧者に対しても有益な効果を期待することができるのです。

タイトル

三軒茶屋のおすすめカフェランキングTOP15 - RETRIP[リト...
retrip.jp › ... › アジア › 日本 › 関東地方 › 東京 › 東急沿線 › 三軒茶屋 ▼

2015/08/24 - 三軒茶屋にはおしゃれなカフェがたくさん！こちらではおすすめカフェを
ランキング形式で15店紹介しておりますが、どのカフェも素敵なところばかり。正直ラ
ンキングにするのはすごく大変でした。知る人ぞ知る隠れ家的なおすすめカフェもたく
さん ...

ディスクリプション

CHAPTER **9** SECTION **2**

タイトルタグを書こう

▶ タイトルタグは「Webサイト全体の題名」

タイトルタグには、そのWebページの内容を簡潔に表現する役割があります。「**Web サイト全体の題名**」と考えればよいでしょう。ここでは、次の3種類のタイトルタグ の書き方について解説します。いずれもHTMLファイルの〈title〉と〈/title〉の間に 全角32文字以内で記述し、左側から順に重要な単語を配置します。

・トップページのタイトルタグ（商圏が定まっている場合）
・トップページのタイトルタグ（商圏が全国の場合）
・トップページ以外（下層ページ）のタイトルタグ

▶ トップページのタイトルタグ（商圏が定まっている場合）

最初に、地域を限定したビジネスを行っている場合の、トップページのタイトルタグの 書き方をご紹介します。その場合、タイトルタグの基本形は次のようになります。

❶地名 + ❷キーワード + ❸会社名（店名・屋号）

❶地名
商圏となる地名、事務所や店舗が存在している土地名を入れます。駅から近い場合は、 駅名を入れることもあります。

❷キーワード
P152で選定したキーワードの中から、「何の業種か？」「何のお店か？」を簡潔に表す 単語を入れます。「カフェ」「ラーメン屋」「法律事務所」「システム開発」「スピード印 刷」など、よく検索されると予想されるキーワードを入れます。2つ以上のキーワード を入れる場合もあります。

❸会社名（店名・屋号）

最後に会社名や店名、屋号を入れます。❶と❷を合わせると長くなってしまう場合、❸は省略してもかまいません。会社名に❷のキーワードが含まれている場合は、「地名 + 会社名」のみ記述し、❷を省略する場合もあります。

この基本形を踏まえ、以下のようなタイトルタグを作成しました。

> 三軒茶屋で個室のあるカフェ「shikamacafe」

▶ トップページのタイトルタグ（商圏が全国の場合）

次に、ネットショップのように商圏が全国の場合のタイトルタグの書き方をご紹介します。商圏が全国の場合は、地名を入れない次のようなパターンが基本形となります。

> ❶キーワード + ❷通販 + ❸ショップ名　　または　　❶キーワード + ❷ショップ名

❶キーワード

キーワードには、「ランニングシューズ」「ノートパソコン」「マッサージチェアー」「ミネラルウォーター」のように、インターネットで購入しようとしている人が検索しそうな商品名の中から、重要なものを 2 ～ 3 個入れます。取り扱いブランドの名称を入れてもよいでしょう。

❷通販

そのまま「通販」という単語を入れます。「通信販売」「ネットショップ」「公式ショップ」「オンラインショップ」に置き換えても OK ですが、文字数が多くなるので、ここでは「通販」を推奨します。

❸ショップ名（サービス名）

前ページの解説と同様、省略してもかまいません。

この基本形を踏まえ、以下のようなタイトルタグを作成しました。

格安ランニングシューズの通販は「ShikamaShoes」

プリザーブドフラワー＆お花のギフトは「I-XYZ フラワー」

日本酒・新潟地酒の通販「地酒屋どっとこむ」

ネットでクリーニング受付！「クラウドクリーニング」

▶ トップページ以外（下層ページ）のタイトルタグ

ここまでで作成したトップページのタイトルタグは、共通のタイトルタグとして、下層ページの一部にも利用します。最初に各ページの名前を入れ、そのうしろに区切り文字「｜」を入れます。最後にトップページのタイトルタグを記述します。ページ名を先に記述し、共通のタイトルタグをうしろに記述します。ここでも 32 文字以内に収まるようにして、❶のページ名には、P155 で作成した「キーワード設定表」の「ページ名」を入れます。

❶ページ名｜❷共通のタイトルタグ

・「メニュー」ページ

メニュー｜三軒茶屋のカフェ「shikamacafe」

・「お店について」ページ

お店について｜三軒茶屋のカフェ「shikamacafe」

・「店長プロフィール」ページ

店長プロフィール｜三軒茶屋のカフェ「shikamacafe」

▶ 会社名に重要キーワードが入っている場合

会社名に重要なキーワードが入っている場合は、「地名＋会社名」のみの短いフレーズにします。基本となるタイトルタグを短くしておくと、下層ページのページ名を入れた際に、32文字以内に収めやすくなります。

・トップページ＆共通のタイトルタグ

> 渋谷「GH 行政書士事務所」

・下層ページのタイトルタグ

> 事務所案内｜渋谷「GH 行政書士事務所」

> サービス内容｜渋谷「GH 行政書士事務所」

▶ ネットショップの場合

ネットショップの場合は、「商品名」や「メーカー名」で検索されることが多いので、下層ページのタイトルタグには、商品名やメーカー名を入れるようにします。

・トップページ＆共通のタイトルタグ

> ベビー用品通販「bca-shop」

・下層ページのタイトルタグ

> ベビー本舗のベビーカー｜ベビー用品通販「bca-shop」

> かるがるベビーカー｜ベビー用品通販「bca-shop」

> ベビーカーおすすめ一覧｜ベビー用品通販「bca-shop」

ディスクリプションを書こう

▶ ディスクリプションは「Webサイトの紹介文」

タイトルタグが決まったら、次はディスクリプションを作成しましょう。ディスクリプションは、検索エンジンにページの内容を伝えるための「**Webサイトの紹介文**」です。全角120文字以内で記載します。

最初に候補のキーワードを書き出し（P155のキーワード設定表を使用します）、文章の形にしていきます。タイトルタグより文字数が多いので、タイトルタグに入りきらなかったキーワードも、ディスクリプションに入れていきましょう。トップページのディスクリプションを作成後、変化をつけながら下層ページのディスクリプションを作成していきます。

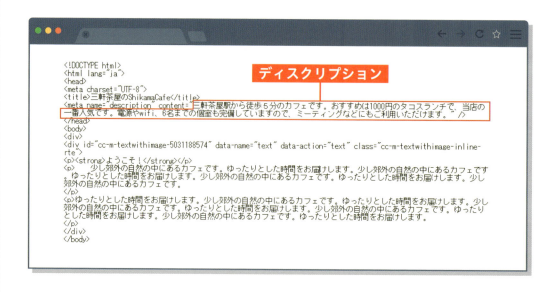

▶ 候補のキーワードを書き出す

P155 でピックアップしたキーワード表の中から、重要なキーワードを書き出します。

三軒茶屋　カフェ　個室　パスタ　オムライス　カレー　タコライス　日替わり
コーヒー　ハーブティー　カフェラテ　ラテアート　チーズケーキ　wifi　電源

また、同業他店、他社との「違い」が明確にわかるもの、お得感やメリットがあるものなど、強みや特徴、差別化につながるキーワードも書き出します。

・駅から徒歩 5 分
・タコライスが人気
・ランチは 1000 円
・個室では、ランチミーティングができる

▶ 全角120文字以内の紹介文を作成する

前ページで書き出したキーワードを接続詞でつなぎ、全角 120 文字以内の文章として組み立てます。このとき、もっとも重要なキーワードが文章の先頭付近に来るようにします。

以下の例では、ピックアップしたキーワードを使用して、立地のよさとランチのお得感、設備についてといった情報をまんべんなく配置しました。お店や会社についていろいろな側面から紹介したい場合は、このように立地、設備、メニューなどに関わるキーワードを組み合わせて、ディスクリプションを作成します。

三軒茶屋駅から徒歩 5 分のカフェです。おすすめは 1000 円のタコスランチで、当店の一番人気です。電源や wifi、6 名までの個室も完備していますので、ミーティングなどにもご利用いただけます。

▶ ページごとに変化をつける

ディスクリプションも、タイトルタグと同様、ページごとに変化をつけて作成します。ここでは、少し変化をつけたパターンと、大幅に変化させたパターンを紹介します。まずは、「お店について」ページのディスクリプションです。最初の一文に「お店紹介のページです」と入れて、基本形から変化をさせています。それ以外は基本形と同じです。これでページの内容が伝わる場合は、この程度の変化でも問題ありません。なお、「お店について」をそのまま使うと流れが悪いため、「お店紹介」と言葉を置き換えています。

> 三軒茶屋駅から徒歩 5 分のカフェのお店紹介ページです。おすすめは 1000 円のタコスランチで、当店の一番人気です。電源や wifi、6 名までの個室も完備していますので、ミーティングなどにもご利用いただけます。

それに対して「メニュー」ページは、基本形からかなり変化をつけています。最初の一文のみ基本形を生かしていますが、それ以降は、「メニュー」に関連したキーワードを多く使用しています。

> 三軒茶屋駅から徒歩 5 分のカフェのメニュー紹介ページです。パスタやオムライス、1000 円のタコスランチが大人気！ケーキセットで提供しているチーズケーキやシフォンケーキもおすすめです。ハーブティーとともにお楽しみください。

このように、基本となるディスクリプションを作っておき、それをページごとに少し、あるいは大幅に変える方法で、各ページごとにバリエーションを作成します。次ページで、各ページのディスクリプションをタイトルタグとともに表形式にまとめたものを掲載していますので、参考にしてください。

▶ 表形式にまとめる

作成したタイトルタグとディスクリプションは、下記のような表にまとめておくと、便利です。

タイトルタグ (32 文字)		ディスクリプション （120 文字以内）
ページごと	全ページ共通	
トップページ	三軒茶屋のカフェ「shikamacafe」	三軒茶屋駅から徒歩5分のカフェです。おすすめは1000円のタコスランチで、当店の一番人気です。電源やwifi、6名までの個室も完備していますので、ミーティングなどにもご利用いただけます。
メニュー		三軒茶屋駅から徒歩5分のカフェのメニュー紹介ページです。パスタやオムライス、1000円のタコスランチが大人気！ケーキセットで提供しているチーズケーキやシフォンケーキもおすすめです。ハーブティーとともにお楽しみください。
お店について		三軒茶屋駅から徒歩5分のカフェのお店紹介ページです。おすすめは1000円のタコスランチで、当店の一番人気です。電源やwifi、6名までの個室も完備していますので、ミーティングなどにもご利用いただけます。
店長プロフィール		三軒茶屋駅から徒歩5分のカフェshikamacafe店長「神道 明」のプロフィールページです。お店を作った経緯や思い、経歴を紹介しています。Facebook、ブログもやっています。
地図・アクセス		三軒茶屋駅から徒歩5分のカフェの地図・アクセス情報です。電源やwifi、6名までの個室も完備していますので、ミーティングなどにもご利用いただけます。
お問い合わせ		三軒茶屋駅から徒歩5分のカフェのお問い合わせページです。電源やwifi、6名までの個室も完備していますので、ミーティングなどにもご利用いただけます。

いろいろな事例で学習しよう

ここからは、ほかの業種にも応用できるよう、さまざまな事例の例文をご紹介します。「病院」「税理士事務所」「工務店」「加工業」の4種類です。

事例 1 ● 病院

さいたま市の大宮に所在する歯科医の例です。虫歯や歯周病予防、小児歯科などの一般的な診療を行っていることと、キッズルームがあることを伝える内容になっています。

タイトルタグ

さいたま市大宮の歯科医院・歯医者「志鎌歯科」
❶ ❷ ❸

❶タイトルタグの基本形に則って、地名を入れています。
❷サービス名は、「歯科医院」「歯医者」と、候補のキーワードを2つ入れています。
❸医院名を入れています。

ディスクリプション

埼玉県さいたま市大宮にある志鎌歯科では、虫歯や歯周病治療のほか、小児歯科、
❶ ❶ ❶ ❶
矯正歯科、審美歯科も行っています。キッズルームもありますので、お子様連れの
❶ ❶ ❷
方も安心してご来院ください。
❷

❶歯科医院を検索で探す場合、「地名＋歯科医院（歯医者）」のキーワードを入れるパターンのほか、「地名＋治療メニュー（小児歯科、矯正歯科など）」を入れるパターンも想定されます。そこで、具体的な治療メニューの名称を入れています。
❷キッズルームがあるというのは、差別化につながります。こうした強みがある場合は、必ず入れておきましょう。

事例
2 ◉ 税理士事務所

東京都新宿区の税理士事務所の例です。ここでは会社設立に力を入れている税理士事務所を想定した内容になっています。

タイトルタグ

東京新宿区で会社設立相談は志鎌税理士事務所へ
❶　　　　　❷　　　　　❸

❶ タイトルタグの基本形に沿って、地名を入れています。

❷ サービス名には、もっとも力を入れている「会社設立相談」を入れています。

❸ 事務所名を入れています。重要キーワードである「税理士」が事務所名に入っているので、名称とキーワードを兼ねているパターンになります。

ディスクリプション

新宿駅から徒歩8分の志鎌税理士事務所です。会社設立、創業支援、節税対策、
❶　　　　　　　　　　　　　　　　　❶
税務申告、決算対策、事業継承など、お気軽にご相談ください。初回相談料は無料
　　　　　　　　　❶　　　　　　　　　　　　　　　　　　　　　❷
です。ベテランの税理士が丁寧に対応いたします。
　　　　　　　❸　　　　❸

❶ 「地名＋税理士事務所」のキーワードを入れておく定番の書き方のほか、サービス名で検索された時のことを考え、具体的な提供サービス名（会社設立、創業支援、節税対策等）も入れました。

❷ 相談を検討している相手に安心して問い合わせてもらうため、「初回相談料は無料」と入れています。

❸ 強み、特徴である「ベテランの税理士」「丁寧に対応」を入れることで、信頼を獲得する狙いがあります。

いろいろな事例で学習しよう　175

事例

3 ● 工務店

川崎市の工務店の例です。自然素材の注文住宅やリフォームに力を入れている工務店という設定です。

タイトルタグ

川崎市で自然素材の注文住宅を建てるなら志鎌工務店
❶　　　❷　　　❷　　　　❸

❶タイトルタグの基本形に沿って、地名を入れています。

❷サービス名には、一般的な「注文住宅」というキーワードに加え、力を入れている「自然素材」を入れています。

❸会社名を入れています。重要キーワードである「工務店」が会社名に入っているので、名称とキーワードを兼ねているパターンになります。

ディスクリプション

川崎市で自然素材を使った注文住宅の施工、リフォームを行っている志鎌工務店で
❶　　　❶　　　　❶　　　　❶　　　　　❶
す。新築、増改築、二世帯住宅や店舗の設計、施工はお任せください。創業以来
❶　　❶　　　　❶　　　　　　　　　　　　　　❶
26年の実績があります。予算に合わせてご提案いたします。
❷　　　　　　　　　❷

❶タイトルタグで使用した基本的なキーワードのほか、検索語句の候補となり得るサービス名のキーワードも細かく入れています。

❷安心感や信頼感を持ってもらうため「創業26年」「予算に合わせて提案」というフレーズを入れました。

SEO編❶　SEO編❷

事例
4　◉ 加工業

ビニールやプラスチック加工を行う会社の例です。拠点は千葉県市川市ですが、インターネットを通して、全国から受注することを想定しています。

タイトルタグ

ビニール加工・プラスチック加工【千葉県市川市・全国対応】
❶ ❷

❶タイトルタグの一番最初に、サービス名を持ってきました。基本形では、地名が最初に来ますが、ここではサービス名の方が重要と判断し、最初に配置しています。重要なキーワードを左側に持ってくるのがポイントです。

❷地名を入れています。全国から受注することを想定しているので、「全国」と入れています。社名は、字数の関係で省略しました。

ディスクリプション

千葉県市川市にある志鎌工業では、ビニール加工・プラスチック加工・ナイロン加
❶ ❶ ❶
工を行っております。小型から大型まで、幅広くスピーディーに全国対応します。
❶ ❷ ❷ ❷
お見積りは無料ですので、お気軽にご相談ください。
❸

❶タイトルタグでも使用した基本的なキーワードのほか、検索語句の候補となり得るサービス名のキーワードも細かく入れています。

❷「小型から大型まで」「幅広く」「スピーディー」「全国対応」という強みや特徴を入れています。

❸信頼や安心感を獲得するため、「お見積りは無料」というフレーズを入れています。

CHAPTER 9
SEO編②タイトルタグとディスクリプションを書こう

SEO

いろいろな事例で学習しよう　177

タイトルタグとディスクリプションは表には見えないけれど重要な項目

第8章と第9章では、SEOを意識した文章の書き方について解説しました。検索エンジン対策は、本気で取り組むには奥が深く、難しい部分もあります。しかし、キーワードの選び方と、それを使った見出しと文章、タイトルタグとディスクリプションについては、基本的な知識としてぜひ覚えておきましょう。

生徒

文章を書く上で、SEOを意識するというのは今まで考えたことがありませんでしたが、Webの文章を書く上で大事な要素なんですね。

先生

Webサイトを運営している人で、SEOを知らないという人も意外と多いのよ。特にディスクリプションについては、見えないところに設定するから、気がつかないのも無理はないと思うわ。

生徒

キーワードの選び方にも、コツがあるんですね。闇雲に自分が発信したい内容を入れればよいというわけではないのですね。

先生

そう。SEOでもっとも大事なのが「キーワード選び」よ。地名やサービス名を軸に、キーワードをたくさんピックアップしておいて、あとから絞り込んでいくとよいわね。ニッチな業種だったり、競合が少ないサービスがあれば、そのキーワードを軸にすることも検討してみてね。

生徒

はい。タイトルタグやディスクリプションは、文字数の制限があるのとページごとに変化をつけるというところが少し大変ですが、基本形を覚えておけば、それほど難しくない気がします。

先生

何パターンか作って練習してみてね。

生徒

早速やってみます！

CHAPTER

10

TIPS編

ちょっとしたことで読みやすくなる10個のコツ

CHAPTER 10

ちょっとしたことで読みやすくなる 10個のコツ

一生懸命書いた文書なのに、「字が小さい」「行間が詰まって読みにくい」などの理由で読んでもらえないことがあります。せっかくよい内容を書いていても、読んでもらえないのは、とてももったいないことです。

この章では、知っているのと知らないのとでは大違いの、文章をもっと読みやすくするためのテクニックをご紹介します。

テクニック 01　箇条書きにしよう

要点を効率よく伝えたいときには、箇条書きにしてみましょう。長い文章が続いて読み疲れてしまう場合にも、効果的です。

Before 要点がまとまっていない

当社のサービスは、<u>簡単にホームページを作りたい人</u>、<u>予算がない人</u>、<u>あまりパソコンが得意ではない人</u>、<u>自力で更新したい人</u>などにおすすめです。

After 下線部分を区切って箇条書きにした

当社のサービスは、こんな方におすすめします。

- ☑ 簡単にホームページを作りたい人
- ☑ 予算がない人
- ☑ あまりパソコンが得意ではない人
- ☑ 自力で更新したい人

テクニック 02

色を使いすぎないようにしよう

文章の中で、強調したい部分に色を使うことはよくあります。しかし、使いすぎると逆効果です。強調したい箇所があったら

①まずは太字にする
②次に「赤」を使う

という順で装飾してみましょう。ほとんどの文章は、この2段階の装飾で間に合います。

なお、強調用の装飾として下線が使われることがありますが、Web上で下線は「リンク」と間違われることが多いので、強調に使用するのはおすすめしません。また、青系の文字色もリンクと間違われやすいので、注意が必要です。

Before 色を使いすぎている

日頃よりご愛顧いただき、ありがとうございます。感謝の気持ちを込めて、期間限定のキャンペーンを開催いたします。

カラーは、桜をイメージしたきれいなピンク色を取り揃えています。控えめなベビーピンクは、お勤めの方にもおすすめです。手元から季節を先取りしちゃいましょう。

After 色を減らし、強調箇所を少なくした

日頃よりご愛顧いただき、ありがとうございます。感謝の気持ちを込めて、期間限定のキャンペーンを開催いたします。

カラーは、桜をイメージしたきれいなピンク色を取り揃えています。控えめなベビーピンクは、**お勤めの方にもおすすめ**です。手元から季節を先取りしちゃいましょう。

テクニック 03 ▶ 文末に変化をつけよう

文章を書く際に、「……です。……です。……です。」と同じ文末で終わると、くどく、稚拙な印象を与えてしまいます。文末は変化をつけるようにしましょう。また、「〜だ、である」と「です、ます」どちらかに統一するようにしましょう。

Before 文末に変化がない

> 本日は地域の方達に向けて、街を活性化するセミナーを開催<u>しました。</u>たくさんの人にご来場いただき<u>ました。</u>やってよかったと思い<u>ました。</u>

After 文末に変化をつけた

> 本日は地域の方達に向けて、街を活性化するセミナーを<u>開催。</u>たくさんの人にご来場いただき、やってよかったと思い<u>ました。</u>

「開催。」のように、文末を名詞で終わりにすることを「体言止め」と言います。文末に変化をつけたいときに使えるテクニックですので、覚えておくとよいでしょう。

Before 「〜だ、である」と「です、ます」が混在

> まずは基本となるプロフィール文の型を覚えておくと便利<u>だ。</u>書き方のポイントを7つに絞りました。順を追って説明して<u>いく。</u>

After 文末を「です、ます」に統一した

> まずは基本となるプロフィール文の型を覚えておくと便利<u>です。</u>書き方のポイントを7つに絞りました。順を追って説明してい<u>きます。</u>

TIPS編

テクニック 04 ひらがなを使おう

漢字が多い文章は、少し窮屈な印象を与えてしまうことがあります。そんな時は、ひらがなにすると柔らかくなります。ただし、ひらがなばかりだと稚拙に見えてしまうので、バランスには気をつけましょう。

Before 漢字が多い

> 今日は、人前で上手く話せないメンタル部分のメカニズムを解明します。その後、気持ちの良い状態で話せる為のレッスンをしますので、皆さんで基本を押さえておきましょう。

After 一部の漢字をひらがなに

> 今日は、人前でうまく話せないメンタル部分のメカニズムを解明します。その後、気持ちのよい状態で話せるためのレッスンをしますので、皆さんで基本を押さえておきましょう。

ここでは
「上手く→うまく」「気持ちの良い→気持ちのよい」
「話せる為の→話せるための」
と変更しました。

そのほか、ひらがなにした方が読みやすくなる言葉には、

- ・宜しく→よろしく
- ・言う→いう
- ・時→とき
- ・更に→さらに
- ・今日は→こんにちは
- ・様→さま
- ・事→こと
- ・最も→もっとも

などがあります。その結果、柔らかく、読みやすい印象になります。反対に、全体を硬くきっちりしたイメージにしたいときには、漢字を使うようにしましょう。

CHAPTER 10 TIPS編 ちょっとしたことで読みやすくなる10個のコツ

テクニック 05 改行を入れて読みやすくしよう

Web 上の文章は、印刷物とは異なり、読んでいて疲れやすい傾向があります。
そこで、2〜3 行ごとに改行すると、格段に読みやすくなります。もっとも簡
単に、見栄えをよくする方法です。

Before 改行がない

> アロマトリートメントというと、エステのようなものと思われる方も多いのですが、
> これはリンパの流れや血液の流れをよくし、疲れている部分をほぐしていくマッ
> サージのようなものです。鍼、灸、あんまなどの医療行為と区別するためにトリー
> トメントと表現しています。肩のこり、背中のはり、足のむくみや身体のだるさな
> ど、女性特有のさまざまな悩みを緩和します。

After 2〜3 行ごとに改行を入れた

> アロマトリートメントというと、エステのようなものと思われる方も多いのですが、
> これはリンパの流れや血液の流れをよくし、疲れている部分をほぐしていくマッ
> サージのようなものです。
> 鍼、灸、あんまなどの医療行為と区別するためにトリートメントと表現しています。
> 肩のこり、背中のはり、足のむくみや身体のだるさなど、女性特有のさまざまな悩
> みを緩和します。

なお、改行を入れすぎると、逆に見にくくなる場合があります。適度にバラン
スを取りながら入れてみてください。

NG例 改行を入れすぎた

> アロマトリートメントというと、
> エステのようなものと思われる方も多いのですが、
> これはリンパの流れや血液の流れをよくし、
> 疲れている部分をほぐしていくマッサージのようなものです。

テクニック 06 画像を効果的に使おう

画像は、文字の何倍もの情報量を伝える力を持っています。もちろん画像のみでは伝わりませんが、長い文章が続いたときや、一瞬で雰囲気を伝えたいときに写真を添えると、効果的です。

Before 画像がなく文章のみ

寄り道カフェは、オーガニック・カフェです。安心で安全な材料を使った自然な味を、たくさんの人に知ってもらいたいと思い、2010年3月にオープンいたしました。たっぷりの緑に囲まれ、窓から差し込む自然の光の中で、ゆったりとくつろげる時間をお過ごしください。

お客様の好みに合わせたコーヒーの選び方もアドバイスいたしますので、お気軽にスタッフにご相談ください。

After 右側に写真を配置した

寄り道カフェは、オーガニック・カフェです。安心で安全な材料を使った自然な味を、たくさんの人に知ってもらいたいと思い、2010年3月にオープンいたしました。たっぷりの緑に囲まれ、窓から差し込む自然の光の中で、ゆったりとくつろげる時間をお過ごしください。

お客様の好みに合わせたコーヒーの選び方もアドバイスいたしますので、お気軽にスタッフにご相談ください。

テクニック
07 ## 「の」の使いすぎに注意しよう

「…の…の…の」と、連続して「の」が使われると間延びしてしまいます。別の言葉に置き換えられるケースも多いので、使用頻度を減らすようにしましょう。

一文に 2 つ以内に抑えると、読みやすくなります。

Before 「の」が連続する

今日のお客様のアロマトリートメントの担当は、田中です。

After 「の」を減らした

今日のお客様のアロマトリートメントは、田中が担当します。

【「の」を減らす 3 つのコツ】

①「の」は省略できる場合も多い

「最新の機種➡最新機種」「配膳の担当➡配膳担当」など、省略できないか検討しましょう。

②「の」以外で代替できる言葉

「～に」「～における」「～に対する」などに置き換えられる場合があります。

③言葉を入れ替えて、「の」が重ならないようにする

「アロマトリートメントの担当は、田中」 ➡ 「アロマトリートメントは、田中が担当」のように、言葉を入れ替えて「の」を減らすことができます。

テクニック 08 一文を短くしよう

一文の中に、複数のフレーズを重ねて書いていくと、文の切れ目がわからず理解しにくくなることがあります。適度に読点（「。」）を入れて、読みやすくしましょう。

Before 一文が長い

> 弊社は、2007年に日本で初めて、製造業向けにクラウドサービスを提供した企業で、ユーザーとメーカーが一体となって開発に取り組んだ結果、幅広いニーズにお応えできるようになりました。

After 途中で読点（「。」）を入れた

> 弊社は、2007年に日本で初めて、製造業向けにクラウドサービスを提供した企業です。ユーザーとメーカーが一体となって開発に取り組んだ結果、幅広いニーズにお応えできるようになりました。

さらに区切った例です。

After さらに区切った

> 弊社は、2007年に日本で初めて、製造業向けにクラウドサービスを提供した企業です。これまで、ユーザーとメーカーが一体となって開発に取り組んできました。その結果、幅広いニーズにお応えできるようになりました。

テクニック 09 ▶ 句読点の使い方に気をつけよう

句読点（「、」「。」）は、日本語における文章の構成要素として、何気なく使っているというケースが圧倒的に多いと思います。しかし、ルールを無視して使用すると、読みにくい文章になってしまいますので注意しましょう。

Before 句点が多すぎる

> ここでは、事業の内容や、理念を伝える、メッセージを書きます。

After 句点を減らした

> ここでは、事業の内容や理念を伝えるメッセージを書きます。

Before 句点がない

> 自然の中で心からくつろげる空間を作りたいという思いから郊外にお店を構えています。

After 句点を入れた

> 自然の中で、心からくつろげる空間を作りたいという思いから、郊外にお店を構えています。

読点「、」の使い方については、以下のように覚えておくとよいでしょう。

・主語の後（「わたしは、」「今回の改善案は、」「本当に美味しいアイスクリームは、」など）
・接続詞の後（「しかし、」「だから、」「それから、」「でも、」など）
・フレーズの切れ目（音読したときに息継ぎをしたくなる場所）

TIPS編

テクニック 10 過剰な丁寧語に注意しよう

文章を丁寧な印象にしようと思うあまり、過剰に丁寧語や敬語を使ってしまうケースを見かけます。敬意を払う言葉も、使いすぎては嫌味になってしまいますので、注意しましょう。

Before 過剰に丁寧

本日は、新規のお客様のところで、お打ち合わせをさせていただきました。

After 過剰な表現を取り除いた

本日は、新規のお客様のところで、打ち合わせをしました。

「お客様」が敬語になっているので、「お打ち合わせ」「～させていただく」という表現は必要ありません。「打ち合わせ」「しました」で OK です。

【二重敬語に気をつけよう】

二重敬語は、1 つの言葉に同じ種類の敬語を 2 つ以上使ってしまうことです。言葉づかいを丁寧にしようとするあまり、二重敬語になってしまっているケースをよく見かけます。誤った使い方は、読み手に不快感を与えてしまう場合もありますので、気をつけましょう。

ただし、「お召し上がりになる」「お伺いする」などは、慣例として定着しているため、誤りではないとされています。

間違えやすい二重敬語の例：

- ・おっしゃられる ➡ おっしゃる
- ・うかがわせていただく ➡ うかがう
- ・ご覧になられる ➡ ご覧になる
- ・～をなされるそうです ➡ ～をされるそうです

■著者紹介

志鎌　真奈美（しかま まなみ）／ Shikama.net 代表

北海道函館市生まれ。北海道教育大学函館校卒業。千葉県市川市在住。1997 年より Web 制作を始める。ソフトウェア会社の Web 制作部門に 5 年間勤めた後、2002 年 4 月に独立。Web 制作・企画・運用、執筆、システム構築などに従事。講師やセミナー活動も精力的に取り組んでいる。

Jimdo Expert ／上級ウェブ解析士／
中小機構販路開拓支援アドバイザー
http://shikama.net

- ●カバーデザイン　　　菊池祐（株式会社ライラック）
- ●本文デザイン／ DTP　株式会社ライラック
- ●マンガ／イラスト　　にわゆり
- ●編集　　　　　　　　大和田洋平
- ●技術評論社ホームページ　http://book.gihyo.jp/
- ●協力：　　　　　ラベンダーサシェ　　　　井代陽子さん
　　　　　　　　　リブロス総合会計事務所　本山恵一さん
　　　　　　　　　鈴木プラスチック工業　　渡辺公さん

■お問い合わせについて

本書の内容に関するご質問は、下記の宛先まで FAX または書面にてお送りください。なお電話によるご質問、および本書に記載されている内容以外の事柄に関するご質問にはお答えできかねます。あらかじめご了承ください。

〒 162-0846　新宿区市谷左内町 21-13
株式会社技術評論社　書籍編集部
「Web 文章の「書き方」入門教室　～ 5 つのステップで「読まれる→伝わる」文章が書ける！」質問係
FAX 番号　03-3513-6167

なお、ご質問の際に記載いただいた個人情報は、ご質問の返答以外の目的には使用いたしません。
また、ご質問の返答後は速やかに破棄させていただきます。

Web 文章の「書き方」入門教室
～ 5 つのステップで「読まれる→伝わる」文章が書ける！

2016 年 6 月 5 日　初版　第 1 刷発行

著者　　　　志鎌真奈美
発行者　　　片岡巌
発行所　　　株式会社技術評論社
　　　　　　東京都新宿区市谷左内町 21-13
　　　　　　電話　03-3513-6150　販売促進部
　　　　　　　　　03-3513-6160　書籍編集部
印刷／製本　株式会社加藤文明社

定価はカバーに表示してあります。
本書の一部または全部を著作権法の定める範囲を越え、無断で複写、複製、転載、テープ化、ファイルに落とすことを禁じます。
©2016　志鎌真奈美

造本には細心の注意を払っておりますが、万一、乱丁（ページの乱れ）や落丁（ページの抜け）がございましたら、小社販売促進部までお送りください。送料小社負担にてお取り替えいたします。

ISBN978-4-7741-8072-4 C3055
Printed in Japan